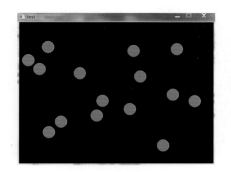

4.2节 多球反弹

4.3节 实时钟表

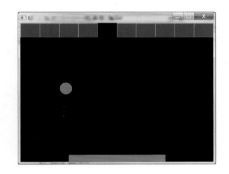

4.4节 反弹球消砖块

5.1节 flappy bird

5.2节 飞机大战

5.3节 复杂动画效果

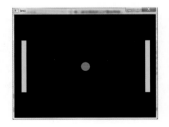

5.4节 双人反弹球

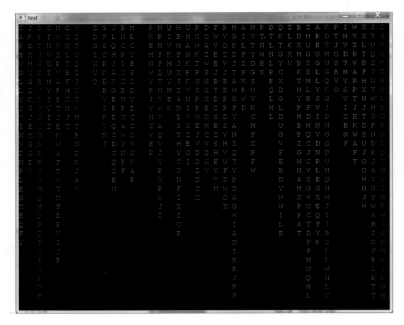

6.2 节 字符雨动画

6.3 节 互动粒子仿真

8.1 节 挖地小子

8.2 节 台球

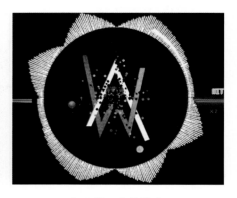

8.3 节 太鼓达人

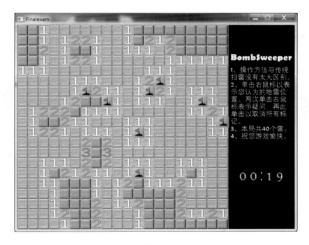

8.4 节　扫雷

8.5 节　蓝色药水

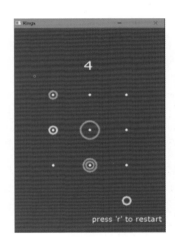

8.6 节　Rings

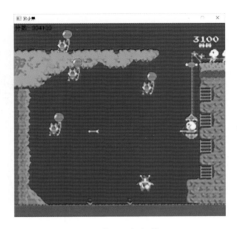

8.7 节　猪小弟

8.8 节　俄罗斯方块

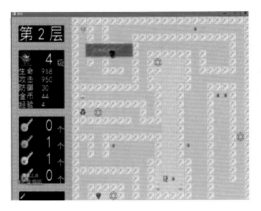

8.9 节　通天魔塔

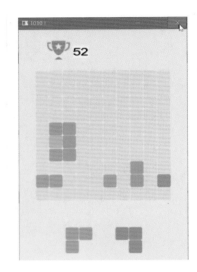

8.10 节　1010

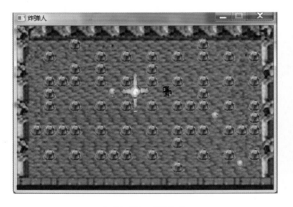

8.11 节　炸弹人

8.12 节　口袋妖怪

8.13 节　大鱼吃小鱼

国家级实验教学示范中心联席会计算机学科规划教材

教育部高等学校计算机类专业教学指导委员会推荐教材

面向"工程教育认证"计算机系列课程规划教材

C语言课程设计与游戏开发实践教程

◎ 童晶 丁海军 金永霞 周小芹 编著

清华大学出版社

北京

内 容 简 介

本书把游戏开发实践应用于 C 语言课程设计教学,应用 C 语言从无到有开发游戏,通过游戏案例逐步应用学到的语法知识,提升读者对编程的兴趣和能力。书中第 1～3 章学习普通 Win32 程序的游戏开发,第 4～5 章学习图形交互游戏开发,第 6～7 章进行后续语法知识的学习与应用,第 8 章介绍了多个游戏开发实践案例。

本书可以作为理工科大学生程序设计或者 C 语言程序设计的配套教材,也可以作为编程爱好者的自学辅导书。

图书在版编目(CIP)数据

C 语言课程设计与游戏开发实践教程/童晶等编著.—北京:清华大学出版社,2017(2023.2重印)
(面向"工程教育认证"计算机系列课程规划教材)
ISBN 978-7-302-47240-7

Ⅰ.①C… Ⅱ.①童… Ⅲ.①游戏程序－C 语言－程序设计－教材 Ⅳ.①TP317.6

中国版本图书馆 CIP 数据核字(2017)第 122620 号

责任编辑:闫红梅 王冰飞
封面设计:刘 键
责任校对:胡伟民
责任印制:朱雨萌

出版发行:清华大学出版社
　　　　网　　　址:http://www.tup.com.cn,http://www.wqbook.com
　　　　地　　　址:北京清华大学学研大厦 A 座　　　　邮　　编:100084
　　　　社 总 机:010-83470000　　　　邮　　购:010-62786544
　　　　投稿与读者服务:010-62776969,c-service@tup.tsinghua.edu.cn
　　　　质量反馈:010-62772015,zhiliang@tup.tsinghua.edu.cn
　　　　课件下载:http://www.tup.com.cn,010-83470236
印 装 者:北京嘉实印刷有限公司
经　　销:全国新华书店
开　　本:185mm×260mm　　印　张:16　　插　页:2　　字　　数:410 千字
版　　次:2017 年 8 月第 1 版　　　　　　　　　　　印　　次:2023 年 2 月第14次印刷
印　　数:25501～27500
定　　价:49.00 元

产品编号:074930-02

作 者 简 介

　　童晶，男，浙江大学计算机专业博士，河海大学物联网工程学院计算机系副教授、硕士生导师。主要从事计算机图形学、虚拟现实、三维打印等方面的研究，发表学术论文 30 余篇，其中 ESI 高被引论文 1 篇，曾获浙江省自然科学二等奖、常州市自然科学优秀科技论文一等奖、陆增镛 CAD&CG 高科技奖三等奖。积极投身于教学与教育创新，指导学生获得英特尔嵌入式比赛全国一等奖、挑战杯全国三等奖、中国软件杯全国一等奖、中国大学生服务外包大赛全国一等奖等多个奖项。

　　写这本书的想法起源于"知乎"上的一个问题：对于一个大一计科新生，有什么代码行数在 500～1000 的程序（C 语言）可以试着写来练手？老师要求学期末前做一个大作业，可是现在完全没有方向，题主的能力是仅理解了 C 的语法。（https://www.zhihu.com/question/52324710）

　　对于 C 语言的学习者，这是一个具有普遍意义的问题，受学生邀请，以下是我的回答：

　　作为大一 C 语言的老师，我来简单回答一下。实际上我们班级同学的大作业都要求 500 行以上的代码。下面是之前年级同学做的一些游戏作业效果：

　　下面是对应的一些作业视频集锦：

2014 级：http://pan.baidu.com/s/1EVmX4

2015 级：http://pan.baidu.com/s/1o75mduy

2016 级：https://pan.baidu.com/s/1nuXHXtZ

　　我的教学思路是讲较少的语法，只讲必须用到的规范性语法知识。在学数组前我就带着同学们 step by step，用 printf 输出实现打飞机、flappy bird、反弹球等游戏，大概是这样的效果：

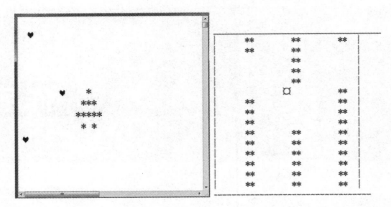

　　讲完数组后,可以利用更复杂的数据结构进一步改进上面 3 个经典的小游戏,然后可以实现贪吃蛇、反弹球消砖块等更复杂的游戏:

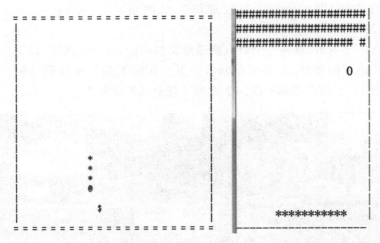

　　接着,教同学们学习一个简单的图形交互函数库,可以继续实现具有图形界面、用鼠标交互的小游戏,类似这样:

然后讲 C 语言的后续语法知识,比如指针用在动态数组、字符串控制得分显示、结构体改进数据结构、文件用于游戏存档,等等。每讲一个知识点都回过头去改进之前做的小游戏,也会介绍一些像 SVN 这样的工具,以便于同学们进行版本管理、团队合作。

　　大家在学习的过程中可以参考这个思路,step by step 地来实现,一点一点地加上复杂的内容,这样会相对容易一些,也更有成就感。另外,游戏的框架可以事先确定,以避免出现大的游戏流程错误。

　　没有想到短短几天,这个回答在"知乎"上收到近两千个赞,以下是部分网友的回复:

Passer—by
真心 6,这就是人家老师,我们老师为什么不给我们多说一点。

种菜的小朋友
好棒的课程!

知名不具
我们老师留的作业就是什么这管理系统,那管理系统,就一个简单的文件读写,唉!

yiren
厉害,我们老师都没讲那么多,printf 实现打飞机什么的好想学。

林浩然
老师您的教学水平在网上开个 MOOC 肯定会大受欢迎。

逗逗的程序猿
啊,为什么我没碰到你这样的老师。。。好想哭,毕业好几年了。

pan
看了这老师的答案,感觉我大学跟没读一样。

CrenX
好棒的老师。我们老师就是照本宣科…念 PPT。现在懂一些概念和语法。

熊起
老师出书吧,我大学时在图书馆见过一本 C++ 和游戏的入门,内容就是美国一个大学教授讲解自己攒的库。

ZHAOYJ
这种方式太赞了。。。记得当年我们老师念 PPT 念得一半人都在睡。

KOP 周毛毛 PR ML
遇到你做 C 老师,那真是人生幸事!!!! 而我们这种非计算机专业,在研究生阶段只能从研究生课题中一点点自己摸索,其中滋味～～～～～

Donald
大一学 C 遇到您这样的老师就好了。

金并
要是我当初的老师也这样教就好了。但是目前没一个老师这样教,基本照着课本 PPT 讲语法,还讲不完,不如自己看。某 211。

陈越
别人家的孩子成绩好,那都是有原因的,因为别人家孩子有好的老师啊。

羽毛球

老师好,我就想知道,如果我想跟着你后面学,具体要学哪些东西?要看哪些书?你能不能先给我列几本,按照你这个思路我来学学。

谢永斌

这这这...大作业不可同日而语...

小常小少爷

别人家的大学和我的大学,呜呜呜……

张凡龙

老师,出视频吧,造福一群人,不要让无知的我们把青春的年华虚度在迷茫的方向和生活中。让我们把时间用在你的视频上吧!千千万万学子的祈求。

赵金龙

深深感觉到了差距。

Danny

这确定是大一的吗?感觉自己大一荒废了。

周永强

真的比很多毕业生的水平还要好。

mini admin

很强,然而我现在大二学完数据结构都不一定能够弄出这个游戏,感觉好没有用呀!

刘其旭

老师,您是认真的吗?想当年,我大一的时候也就学了一个排序,还高兴得要死,跟你一比,我选择死亡。

永明

赞,能激发兴趣就是最好的教学方法!

朱逸知

为什么别人家的老师这么好,羡慕啊!

LYH 李某某

我们的老师就是枯燥地讲课本,讲着讲着还停下来问我们怎么做...我们哪知道怎么做啊?做都没做过,真羡慕这样的老师。

吴俊炫

我喜欢像你这样渐进的方法!!!

郭媛媛

好棒啊,我现在大一,这一学期也是学 C 语言,虽然每次完成老师布置的编程作业很开心,但是做成这种游戏更加 interesting,哎,打算寒假自己做个试试。

Amnesia greens

C 语言大作业还可以这么好玩,还在做数独自动求解的同学要哭了。

小饼 coder

老师,我大四了都不会写这些游戏……感觉白学四年。老师上课就是对着书念。基本上好多不懂。

无间道

感觉老师的思想很好,就应该这么教编程。有时候看代码的话,感觉思路很简单,但让我自己写小游戏的话,真想不出用什么方法来实现。

　　如果你和以上网友一样,希望在游戏开发的实践中学习 C 语言、加深对编程的掌握和理解,3 个月内从零基础到写出数千行代码的游戏程序,请接着往下读。本书的源代码与素材可以登录清华大学出版社网站(www.tup.com.cn)下载。

童晶

2017 年 5 月于常州

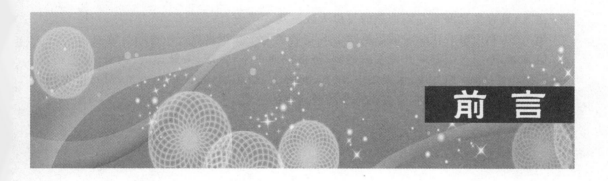

前　言

　　C 语言是一门重要的基础课程,应用广泛,也是不少后续课程的基础。然而,由于 C 语言的语法规则较多,在实际编程时又相对灵活,很多初学者接触这门课程会觉得有难度,普遍有畏惧心理。目前的配套教材一般偏向于对语法规则的介绍,实例偏数学算法,过于抽象,趣味性不强,学生不愿写程序,进而觉得入门困难。

　　针对这些问题,本书把游戏开发实践应用于 C 语言课程设计教学,培养学生对编程的兴趣。为了达到这一目的,本书应用 C 语言的语法知识带领同学从无到有地开发游戏,通过游戏案例逐步应用学到的语法知识,在实际编程中加深体会。在课程设计中尽量站在初学者的角度,降低开发游戏的难度,不超出所学知识范围,逐步提高读者对编程的兴趣和能力。

　　美国著名教育家杜威曾说过:"大多数的人,只知道对五官接触的、能够实用的东西才有趣味,书本上的趣味是没有的。"同样对于 C 语言这门课程,让学生看到用 C 语言可以编出很好玩的程序,学生感到有趣、有成就感,就会自己花时间钻研,师生积极互动,教学效果也因此得到改进。

　　本书的授课方法已在实际教学中验证,同学们对编程产生了浓厚的兴趣,能够主动学习,大一学生普遍能写出数千行代码的复杂游戏,编程能力显著提升。对应效果请参看"\随书资源\第 8 章\2016 级计科新生 C 语言游戏制作视频.flv"。

　　各章的主要内容如下:

　　第 1 章,学习 printf、scanf、if…else、while、for 语句后进行弹跳的小球、飞机游戏的开发,并介绍程序调试的方法与技巧。

　　第 2 章,学习函数后,利用函数封装及标准的游戏框架进行飞机游戏、反弹球消砖块、flappy bird 的开发。

　　第 3 章,学习数组后,利用数组改进数据结构,实现生命游戏、反弹球消砖块、空战游戏、贪吃蛇的开发,并介绍 SVN 代码管理工具。

　　第 4 章,学习简单的绘图工具,并进行多球反弹、实时钟表、反弹球消砖块、鼠标交互的学习开发。

　　第 5 章,学习图片与音乐素材的导入和使用,并进行 flappy bird、飞机大战、行走的小人、双人反弹球的学习开发。

　　第 6 章,利用后续语法知识进一步改进游戏程序,如指针创建动态数组、字符串控制得分显示、结构体改进数据结构、文件用于游戏存档等,实现《黑客帝国》中的字符雨动画、互动粒子仿真、具有多界面和存档功能的飞机大战游戏。

第 7 章,利用游戏化学习的思路学习 C 语言的两个知识难点——递归与链表。

第 8 章,介绍多个游戏开发实践案例,包括挖地小子、台球、太鼓达人、扫雷、蓝色药水、Rings、猪小弟、俄罗斯方块、通天魔塔、1010、炸弹人、口袋妖怪、大鱼吃小鱼,对每个案例均讲解了主体功能、实现思路,并提供分步骤源代码的下载。

编者

2017 年 5 月

本书的使用方法

本书通过对一个一个的游戏案例进行讲解,并按照 C 语言的学习进度逐步使用更多的语法知识,难度逐渐加深。在每章内容开始前会介绍学习该章所需的语法知识,大家在掌握对应语法后可以进入相应游戏案例的开发。每个案例会分成很多步骤,从零开始 step by step 地来实现,书中列出了每个步骤的实现目标、实现思路、相应的参考代码。读者可以先在前一个步骤代码的基础上尝试实现下一个步骤,碰到困难再参考书中给出的例子代码。在每个案例讲解后还列出了一些思考题,读者可以尝试进一步改进。

本书不讲解 C 语言的基础语法知识,读者可以通过相应教材、在线慕课进行学习,并配合 Online Judge 进行练习。

随书资料可通过出版社或百度网盘进行下载,书中所有案例均提供了源代码。

书中游戏案例的开发使用的操作系统为 Windows,默认开发环境为 Visual C++6,用户也可以使用高版本的 Microsoft Visual Studio 进行开发。书中的游戏代码主要是为了激发学生对编程的兴趣,为了便于理解,降低了程序的全面性,读者可以在理解思路的基础上进一步改进。

目　录

第1章

C 语言游戏开发快速入门

学习本章前需要掌握的语法知识：标识符、变量、常量、运算符与表达式，以及 printf、scanf、if-else、while、for 语句的用法。

学习本章不需要掌握的语法知识：数据类型修饰符、复合赋值运算符、逗号表达式，以及 switch-case、do-while、goto 语句。

后续章节需要掌握的语法知识：函数（第 2 章）、数组（第 3 章）。

1.1 弹跳的小球

本节将利用 printf 函数实现一个在屏幕上弹跳的小球，如图 1-1 所示。弹跳的小球游戏比较简单、容易入门，也是反弹球消砖块（2.2 节）、接金币、台球（8.2 节）等很多游戏的基础。本节游戏的最终代码参看"\随书资源\第 1 章\1.1 弹跳小球.cpp"。

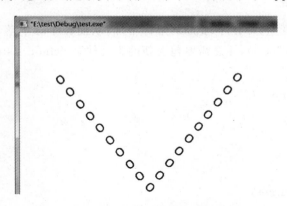

图 1-1　弹跳小球游戏效果

1.1.1 显示静止的小球

首先利用 printf 函数在屏幕坐标 (x, y) 处显示一个静止的小球字符 'o'，注意屏幕坐标系的原点在左上角，如图 1-2 所示。

```
# include < stdio.h >
int main()
{
    int i,j;
    int x = 5;
```

```
    int y = 10;
    // 输出小球上面的空行
    for(i = 0;i < x;i++)
        printf("\n");
    // 输出小球左边的空格
    for (j = 0;j < y;j++)
        printf(" ");
    printf("o");                            // 输出小球 o
    printf("\n");
    return 0;
}
```

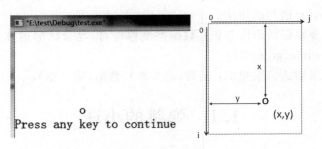

图 1-2　静止小球的显示效果及坐标说明

1.1.2　小球下落

改变小球的坐标变量,即让小球的 x 坐标增加,从而让小球下落。在每次显示之前使用了清屏函数 system("cls"),注意需要包含新的头文件 # include < stdlib. h >。

```
# include < stdio. h >
# include < stdlib. h >
int main()
{
    int i,j;
    int x = 1;
    int y = 10;
    for (x = 1;x < 10;x++)
    {
        system("cls");                      // 清屏函数
        // 输出小球上面的空行
        for(i = 0;i < x;i++)
            printf("\n");
        // 输出小球左边的空格
        for (j = 0;j < y;j++)
            printf(" ");
        printf("o");                        // 输出小球 o
        printf("\n");
    }
    return 0;
}
```

1.1.3　上下弹跳的小球

在上一步代码的基础上增加记录速度的变量 velocity，小球的新位置 x＝旧位置 x＋速度 velocity。当判断小球到达上、下边界时改变方向，即改变 velocity 的正负号。

```c
# include < stdio.h>
# include < stdlib.h>
int main()
{
    int i,j;
    int x = 5;
    int y = 10;

    int height = 20;
    int velocity = 1;

    while (1)
    {
        x = x + velocity;
        system("cls");                    // 清屏函数

        // 输出小球前的空行
        for(i = 0;i < x;i++)
            printf("\n");
        for (j = 0;j < y;j++)
            printf(" ");
        printf("o");                      // 输出小球 o
        printf("\n");

        if (x == height)
            velocity = - velocity;
        if (x == 0)
            velocity = - velocity;
    }
    return 0;
}
```

1.1.4　斜着弹跳的小球

下面让程序更有趣，使小球斜着弹跳，主要思路是增加 x、y 两个方向的速度控制变量 velocity_x、velocity_y，初值为 1；velocity_x 碰到上、下边界后改变正负号，velocity_y 碰到左、右边界后改变正负号。

```c
# include < stdio.h>
# include < stdlib.h>
int main()
{
    int i,j;
    int x = 0;
```

```c
    int y = 5;

    int velocity_x = 1;
    int velocity_y = 1;
    int left = 0;
    int right = 20;
    int top = 0;
    int bottom = 10;

    while (1)
    {
        x = x + velocity_x;
        y = y + velocity_y;

        system("cls");                          // 清屏函数
        // 输出小球前的空行
        for(i = 0; i < x; i++)
            printf("\n");
        for (j = 0; j < y; j++)
            printf(" ");
        printf("o");                            // 输出小球 o
        printf("\n");

        if ((x == top) || (x == bottom))
            velocity_x = - velocity_x;
        if ((y == left) || (y == right))
            velocity_y = - velocity_y;
    }
    return 0;
}
```

大家在初学时要尽量养成良好的编码习惯,比如上面的边界坐标尽量不要在语句中直接写数值,可以用定义的变量或常量标识符,这样程序的可读性更好,后续也更容易调整。

1.1.5　控制小球弹跳的速度

以上反弹球的速度可能过快,为了降低反弹球的速度,可以使用 Sleep 函数(＃include < windows.h >)。比如 Sleep(10)表示程序执行到此处暂停 10ms,从而控制小球弹跳的速度。

```c
printf("o");                            // 输出小球 o
printf("\n");
Sleep(50);                              // 在输出图形后等待 50ms
```

根据编译器的不同可以选择 ＃include < windows.h >或 ＃include < cwindows.h >,以下章节不再赘述。

1.1.6　小结

这样就实现了一个在屏幕上四处弹跳的小球,是不是简单又好玩。

思考题：

1. 如果不用 Sleep 函数，能否利用循环语句实现小球速度变慢的效果？
2. 尝试利用 printf("\a")实现小球碰到边界时响铃的效果。
3. 尝试为反弹球游戏绘制边框。

1.2　最简单的飞机游戏

本节在前面弹跳小球的基础上实现一个简单的飞机游戏，如图 1-3 所示，主要包括飞机的显示、控制移动、显示复杂图案、发射激光、打靶练习等功能。本节游戏的最终代码参看"\随书资源\第 1 章\ 1.2 最简单的飞机游戏.cpp"。

1.2.1　scanf 控制飞机移动

第一步利用 scanf 输入不同的字符，按 a、s、d、w 键后改变坐标 x、y 的值，从而控制飞机 * 字符上下左右移动，如图 1-4 所示。

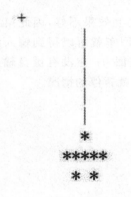

图 1-3　飞机游戏效果

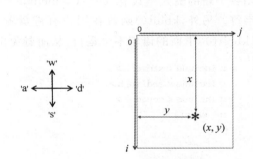

图 1-4　按键输入与坐标说明

```c
# include < stdio. h >
# include < stdlib. h >
int main()
{
    int i,j;
    int x = 5;
    int y = 10;
    char input;

    while (1)
    {
        system("cls");                    // 清屏函数
        // 输出飞机上面的空行
        for(i = 0;i < x;i++)
            printf("\n");
        // 输出飞机左边的空格
        for (j = 0;j < y;j++)
```

```
                printf(" ");
        printf(" * ");                        // 输出飞机
        printf("\n");

        scanf(" % c",&input);                  // 根据用户的不同输入来移动
        if (input == 'a')
            y -- ;
        if (input == 'd')
            y++;
        if (input == 'w')
            x -- ;
        if (input == 's')
            x++;
    }
    return 0;
}
```

1.2.2 getch 控制飞机移动

scanf()函数要求每输入一个字符按回车键后才能执行,交互效果不好,因此第二步使用一个新的输入函数 getch()(# include < conio. h >),不需要回车就可以得到输入的控制字符。另外,kbhit()函数在用户有键盘输入时返回 1,否则返回 0;在没有键盘输入时 if (kbhit())下面的语句不会运行,从而避免出现用户不输入游戏就暂停的情况。

```
# include < stdio. h >
# include < stdlib. h >
# include < conio. h >
int main()
{
    int i,j;
    int x = 5;
    int y = 10;
    char input;
    while (1)
    {
        system("cls");                        // 清屏函数
        // 输出飞机上面的空行
        for(i = 0;i < x;i++)
            printf("\n");
        // 输出飞机左边的空格
        for (j = 0;j < y;j++)
            printf(" ");
        printf(" * ");                        // 输出飞机
        printf("\n");

        if(kbhit())                           // 判断是否有输入
        {
            input = getch();                  // 根据用户的不同输入来移动,不必输入回车
            if (input == 'a')
                y -- ;                        // 位置左移
```

```
        if (input == 'd')
            y++;                                // 位置右移
        if (input == 'w')
            x -- ;                              // 位置上移
        if (input == 's')
        x++;                                    // 位置下移
        }
    }
    return 0;
}
```

1.2.3 显示复杂的飞机图案

前面的飞机图案用一个 * 表示,太简单,第三步显示复杂的飞机图案,并可以用 a、s、d、w 键控制飞机上下左右移动,如图 1-5 所示。

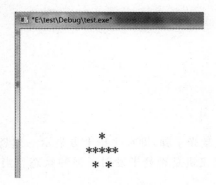

图 1-5 复杂的飞机图案

```
# include < stdio. h >
# include < stdlib. h >
# include < conio. h >
int main()
{
    int i,j;
    int x = 5;
    int y = 10;
    char input;
    while (1)
    {
        system("cls");                          // 清屏函数
        // 输出飞机上面的空行
        for(i = 0;i < x;i++)
            printf("\n");

        // 下面输出一个复杂的飞机图案
        for (j = 0;j < y;j++)
            printf(" ");
        printf(" * \n");
        for (j = 0;j < y;j++)
```

```
            printf(" ");
        printf(" ***** \n");
        for (j = 0;j < y;j++)
            printf(" ");
        printf(" *  * \n");

        if(kbhit())                              // 判断是否有输入
        {
            input = getch();                     // 根据用户的不同输入来移动,不必输入回车
            if (input == 'a')
                y -- ;                           // 位置左移
            if (input == 'd')
                y++;                             // 位置右移
            if (input == 'w')
                x -- ;                           // 位置上移
            if (input == 's')
                x++;                             // 位置下移
        }
    }
    return 0;
}
```

1.2.4 发射激光

按空格键后让飞机发射激光子弹,即在飞机上方显示一列竖线'|',如图 1-6 所示。第四步定义变量 isFire,用来记录飞机是否处于发射子弹的状态。当 isFire 等于 1 时,将在飞机的正上方输出激光竖线。

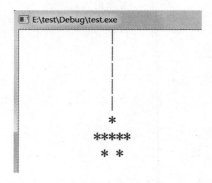

图 1-6 发射激光效果

```
# include < stdio. h >
# include < stdlib. h >
# include < conio. h >
int main()
{
    int i,j;
    int x = 5;
    int y = 10;
    char input;
```

```
    int isFire = 0;

    while (1)
    {
        system("cls");                        // 清屏函数
        if (isFire == 0)                      // 输出飞机上面的空行
        {
            for(i = 0;i < x;i++)
                printf("\n");
        }
        else                                  // 输出飞机上面的激光竖线
        {
            for(i = 0;i < x;i++)
            {
                for (j = 0;j < y;j++)
                    printf(" ");
                printf(" |\n");
            }
            isFire = 0;
        }
        // 下面输出一个复杂的飞机图案
        for (j = 0;j < y;j++)
            printf(" ");
        printf(" * \n");
        for (j = 0;j < y;j++)
            printf(" ");
        printf(" ***** \n");
        for (j = 0;j < y;j++)
            printf(" ");
        printf(" *  * \n");
        if(kbhit())                           // 判断是否有输入
        {
            input = getch();                  // 根据用户的不同输入来移动,不必输入回车
            if (input == 'a')
                y--;                          // 位置左移
            if (input == 'd')
                y++;                          // 位置右移
            if (input == 'w')
                x--;                          // 位置上移
            if (input == 's')
                x++;                          // 位置下移
            if (input == ' ')
                isFire = 1;
        }
    }
    return 0;
}
```

1.2.5　打靶练习

第五步在第一行增加一个靶子'＋',控制飞机发射激光击中它,如图 1-7 所示。变量

isKilled 用来存储是否被击中，isKilled 等于 0 显示靶子，当 isKilled 等于 1 时不再显示靶子。

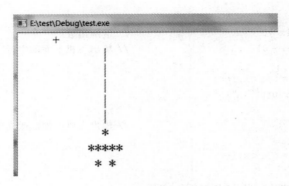

图 1-7　飞机打靶效果

```
# include < stdio.h >
# include < stdlib.h >
# include < conio.h >
int main()
{
    int i,j;
    int x = 5;
    int y = 10;
    char input;
    int isFire = 0;

    int ny = 5;                              // 一个靶子,放在第一行的 ny 列上
    int isKilled = 0;

    while (1)
    {
        system("cls");                       // 清屏函数

        if (!isKilled)                       // 输出靶子
        {
            for (j = 0;j < ny;j++)
                printf(" ");
            printf(" + \n");
        }

        if (isFire == 0)                     // 输出飞机上面的空行
        {
            for(i = 0;i < x;i++)
                printf("\n");
        }
        else                                 // 输出飞机上面的激光竖线
        {
            for(i = 0;i < x;i++)
            {
                for (j = 0;j < y;j++)
                    printf(" ");
```

```
            printf(" |\n");
        }
        if (y + 2 == ny)              // +2 是因为激光在飞机的正中间,距最左边两个坐标
            isKilled = 1;             // 击中靶子
        isFire = 0;
    }

    // 下面输出一个复杂的飞机图案
    for (j = 0;j < y;j++)
        printf(" ");
    printf(" * \n");
    for (j = 0;j < y;j++)
        printf(" ");
    printf(" ***** \n");
    for (j = 0;j < y;j++)
        printf(" ");
    printf(" *  * \n");
    if(kbhit())                       // 判断是否有输入
    {
        input = getch();              // 根据用户的不同输入来移动,不必输入回车
        if (input == 'a')
            y -- ;                    // 位置左移
        if (input == 'd')
            y++;                      // 位置右移
        if (input == 'w')
            x -- ;                    // 位置上移
        if (input == 's')
            x++;                      // 位置下移
        if (input == ' ')
            isFire = 1;
    }
    }
    return 0;
}
```

1.2.6 小结

大家做出这个小游戏是不是很有成就感?

思考题:

1. 如何让靶子移动起来?

2. 如何统计和显示击中得分?

目前的飞机还很简单,大家不要着急,一步一步来,在后面会实现更复杂的飞机游戏效果。

1.3 程序调试方法

随着代码行数越来越多、程序逻辑越来越复杂,很可能出现语法错误无法编译、出现逻辑错误运行结果不对,这时需要掌握程序调试方法。

1.3.1 语法错误

程序发生语法错误,编译器无法生成可执行文件,一般双击错误条目,这时鼠标指针自动定位到程序错误所在行,如图 1-8 所示。当有多个 error 时,一般先修改第一个 error。

图 1-8 双击错误条目自动定位到程序错误所在行

以下是初学者常见的语法错误提示及产生原因。
- unknown character '0xa3':出现汉语字符,例如出现汉语标点符号。
- 'j':undeclared identifier:变量未定义就直接使用。
- unexpected end of file found:忘写}、;等符号。
- 'printf':undeclared identifier:忘包含头文件 #include < stdio. h >。
- function 'int main( )' already has a body:一个工程中有多个 main()函数。
- cannot open Debug/ ∗∗ . exe for writing:exe 文件无法编译生成,很可能正在被打开。
- 无法编译:新建的不是 C++Source File 源文件、Win32 Console Application 工程。

一个常用的技巧是利用注释语句(//、/∗ ∗/)排除可能出错的原因。例如把除以下代码之外的所有代码注释后还是编译报错,则很可能是因为新建成非 Win32 Console Application 工程。

```
int main()
{
/* …… */
return 0;
}
```

1.3.2　逻辑错误

程序编译通过但运行结果不对叫逻辑错误,以下为常见的逻辑错误:

- 算法思想错误。
- 在判断表达式时忽略＝与＝＝的区别。
- 逻辑运算符的优化问题。
- 循环语句内有多条语句但没用{}包含。

处理逻辑错误的方法是在编译器中设断点跟踪调试。选择需要设置断点的程序行,然后选择 Insert/Remove Breakpoint 命令,或按 F9 键设置断点。按 F5 键后程序运行到断点处暂停,在 VC 中有一个黄色的小箭头,指示将要执行的代码,按 F10 键继续单步运行。在变量观察窗口中输入要观察的变量和表达式,可以实时看到其对应的数值。通过单步运行和变量跟踪可以有效地分析逻辑错误,如图 1-9 所示。

图 1-9　单步运行和变量跟踪效果

1.3.3　常用技巧

当程序代码较长时,浏览代码费时、费力,可以通过 Ctrl＋F2 键在不同的代码行设定书签,按 F2 键快速切换到对应的代码行,如图 1-10 所示。

- 当代码排版不规范时,按 Ctrl＋A 键全选后按 Alt＋F8 键将自动排版。
- 活用查找和替换可以进行变量的批量重命名、程序的快速定位等功能。
- 利用注释、二分法可以实现快速排错。

在初学时可以采用书中弹跳小球、飞机游戏的实现思路,先写出最简单的代码框架,以保证正确运行,再逐步添加代码,通过分步骤的方法降低编程难度。

Visual Assistant 是一个很好的插件,包括更好的颜色提示、代码自动补全等功能,可以

图 1-10　设定书签效果

显著提高写代码的效率。

　　当游戏运行时在 cmd 窗口上右击选择"属性"(或"默认值")命令,可以调整字体大小、字体背景颜色、窗口大小等,使游戏的显示效果更好,如图 1-11 所示。

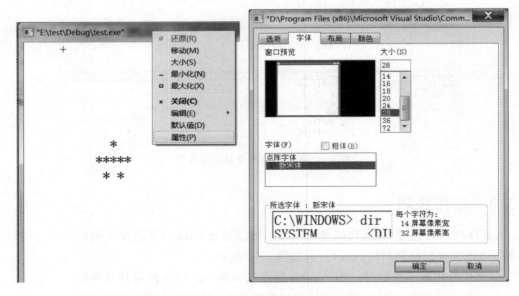

图 1-11　修改窗口的显示属性

　　在编程过程中如果遇到问题一定要先自己尝试分析解决,实在处理不了,可以使用搜索引擎。大家遇到的大部分问题在网上都有描述和解答,要学会搜索并培养自己解决问题的能力。

## 第 2 章

函数封装的游戏开发

在学习本章之前建议读者先尝试实现 1.2.6 节中的思考题,大概一百多行代码,是对 C 语言基本语法、逻辑能力的很好锻炼。

没有学习函数,以上功能都在 main() 中实现是有点痛苦的。在学了函数之后会模块化重构相应的游戏,大家经历过上面的痛苦才能真正理解函数的好处。如果只是被动地学习语法知识,做些简单的算法题,是很难体会到函数封装的重要性的。

在实现飞机游戏时可能会遇到子弹运动时无法输入、键盘控制比较卡、不按键时敌人不会自动移动等问题。为了降低开发难度,本书提供了一个简化的游戏框架:

```cpp
// 函数外全局变量的定义
int main()
{
    startup();                  //初始化
    while(1)                    // 游戏循环执行
    {
        show();                 // 显示画面
        updateWithoutInput();   // 与用户输入无关的更新
        updateWithInput();      // 与用户输入有关的更新
    }
    return 0;
}
```

相应的游戏功能都需要放在 startup()、show()、updateWithoutInput()、updateWithInput() 几个函数中实现,主函数尽量保持以上形式,不要修改。

在第 1 章的基础上,学习本章前需要掌握的新语法知识:函数的定义与使用、全局变量、静态变量。

学习本章不需要掌握的语法知识:带参数的宏定义、条件编译、递归。

后续章节需要掌握的语法知识:数组(第 3 章)。

2.1 飞 机 游 戏

本节利用函数封装重构飞机游戏,并实现新式子弹、敌机移动、击中敌机和更好的清屏功能,如图 2-1 所示。本节游戏的最终代码参看"\随书资源\第 2 章\ 2.1 飞机游戏.cpp"。

2.1.1 代码重构

第一步利用函数和上面的游戏框架对 1.2 节中的飞机游戏进行重构,实现控制飞机移

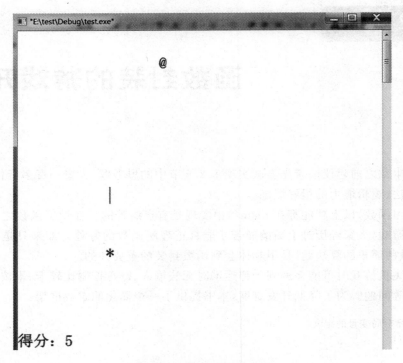

图 2-1　飞机游戏运行效果

动的功能。另外对输出部分也进行了改进,通过二重循环输出所有的空格、回车等内容,可以进行更复杂的输出。

```c
# include < stdio. h >
# include < stdlib. h >
# include < conio. h >

// 全局变量
int position_x,position_y;              // 飞机位置
int high,width;                         // 游戏画面尺寸

void startup()                          // 数据的初始化
{
    high = 20;
    width = 30;
    position_x = high/2;
    position_y = width/2;
}

void show()                             // 显示画面
{
    system("cls");                      // 清屏
    int i,j;
    for (i = 0;i < high;i++)
    {
```

```c
        for (j = 0;j < width;j++)
        {
            if ((i == position_x) && (j == position_y))
                printf(" * ");              // 输出飞机 *
            else
                printf(" ");                // 输出空格
        }
        printf("\n");
    }
}

void updateWithoutInput()               // 与用户输入无关的更新
{
}

void updateWithInput()                  // 与用户输入有关的更新
{
    char input;
    if(kbhit())                         // 判断是否有输入
    {
        input = getch();                // 根据用户的不同输入来移动,不必输入回车
        if (input == 'a')
            position_y -- ;             // 位置左移
        if (input == 'd')
            position_y++;               // 位置右移
        if (input == 'w')
            position_x -- ;             // 位置上移
        if (input == 's')
            position_x++;               // 位置下移
    }
}

int main()
{
    startup();                          // 数据的初始化
    while (1)                           // 游戏循环执行
    {
        show();                         // 显示画面
        updateWithoutInput();           // 与用户输入无关的更新
        updateWithInput();              // 与用户输入有关的更新
    }
    return 0;
}
```

2.1.2　新式子弹

第二步实现常规子弹,如图 2-2 所示。初始化子弹为飞机的正上方(bullet_x = position_x-1; bullet_y = position_y;),子弹发射后自动向上移动(bullet_x--;)。

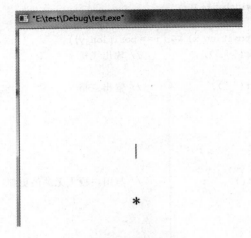

图 2-2　发射子弹效果

```c
#include <stdio.h>
#include <stdlib.h>
#include <conio.h>

// 全局变量
int position_x,position_y;              // 飞机位置
int bullet_x,bullet_y;                  // 子弹位置
int high,width;                         // 游戏画面尺寸

void startup()                          // 数据的初始化
{
    high = 20;
    width = 30;
    position_x = high/2;
    position_y = width/2;
    bullet_x = 0;
    bullet_y = position_y;
}

void show()                             // 显示画面
{
    system("cls");                      // 清屏
    int i,j;
    for (i = 0;i < high;i++)
    {
        for (j = 0;j < width;j++)
        {
            if ((i == position_x) && (j == position_y))
                printf(" * ");          // 输出飞机 *
            else if ((i == bullet_x) && (j == bullet_y))
                printf("|");            // 输出子弹 |
            else
                printf(" ");            // 输出空格
```

```
        }
        printf("\n");
    }
}

void updateWithoutInput()              // 与用户输入无关的更新
{
    if (bullet_x > - 1)
        bullet_x -- ;
}

void updateWithInput()                 // 与用户输入有关的更新
{
    char input;
    if(kbhit())                        // 判断是否有输入
    {
        input = getch();               // 根据用户的不同输入来移动,不必输入回车
        if (input == 'a')
            position_y -- ;            // 位置左移
        if (input == 'd')
            position_y++;              // 位置右移
        if (input == 'w')
            position_x -- ;            // 位置上移
        if (input == 's')
            position_x++;              // 位置下移
        if (input == ' ')              // 发射子弹
        {
            bullet_x = position_x - 1;  // 发射子弹的初始位置在飞机的正上方
            bullet_y = position_y;
        }
    }
}

int main()
{
    startup();                         // 数据的初始化
    while (1)                          // 游戏循环执行
    {
        show();                        // 显示画面
        updateWithoutInput();          // 与用户输入无关的更新
        updateWithInput();             // 与用户输入有关的更新
    }
    return 0;
}
```

2.1.3　静止的敌机

第三步,增加静止的敌机@,其坐标为(enemy_x,enemy_y),如图 2-3 所示。

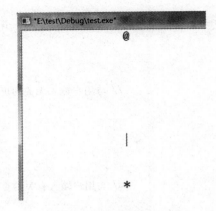

图 2-3　增加静止的敌机

```c
# include < stdio. h>
# include < stdlib. h>
# include < conio. h>


// 全局变量
int position_x, position_y;              // 飞机位置
int bullet_x, bullet_y;                  // 子弹位置
int enemy_x, enemy_y;                    // 敌机位置
int high, width;                         // 游戏画面尺寸

void startup()                           // 数据的初始化
{
    high = 20;
    width = 30;
    position_x = high/2;
    position_y = width/2;
    bullet_x = - 1;
    bullet_y = position_y;
    enemy_x = 0;
    enemy_y = position_y;
}

void show()                              // 显示画面
{
    system("cls");                       // 清屏
    int i, j;
    for (i = 0; i < high; i++)
    {
        for (j = 0; j < width; j++)
        {
            if ((i == position_x) && (j == position_y))
                printf(" * ");           // 输出飞机 *
            else if ((i == enemy_x) && (j == enemy_y))
                printf("@");             // 输出敌机@
            else if ((i == bullet_x) && (j == bullet_y))
                printf("|");             // 输出子弹 |
            else
```

```
                printf(" ");                // 输出空格
            }
            printf("\n");
        }
    }

    void updateWithoutInput()              // 与用户输入无关的更新
    {
        if (bullet_x > -1)
            bullet_x --;
    }

    void updateWithInput()                 // 与用户输入有关的更新
    {
        char input;
        if(kbhit())                        // 判断是否有输入
        {
            input = getch();               // 根据用户的不同输入来移动,不必输入回车
            if (input == 'a')
                position_y --;             // 位置左移
            if (input == 'd')
                position_y++;              // 位置右移
            if (input == 'w')
                position_x --;             // 位置上移
            if (input == 's')
                position_x++;              // 位置下移
            if (input == ' ')              // 发射子弹
            {
                bullet_x = position_x - 1; // 发射子弹的初始位置在飞机的正上方
                bullet_y = position_y;
            }
        }
    }

    int main()
    {
        startup();                         // 数据的初始化
        while (1)                          // 游戏循环执行
        {
            show();                        // 显示画面
            updateWithoutInput();          // 与用户输入无关的更新
            updateWithInput();             // 与用户输入有关的更新
        }
        return 0;
    }
```

2.1.4 敌机移动

第四步让敌机自动向下移动(enemy_x++;)。为了在降低敌机移动速度的同时不影响用户输入响应的频率,代码中用了一个小技巧,即在 updateWithoutInput()函数中利用静态变量 speed,每执行 10 次 updateWithoutInput 函数敌机才移动一次。

```
    void updateWithoutInput()              // 与用户输入无关的更新
```

```
{
    if (bullet_x > -1)
        bullet_x-- ;
    // 用来控制敌机向下移动的速度,每隔几次循环才移动一次敌机
    // 这样修改,虽然用户按键的交互速度还是很快,但 NPC 的移动显示可以降速
    static int speed = 0;
    if (speed < 10)
        speed++;
    if (speed == 10)
    {
        enemy_x++;
        speed = 0;
    }
}
```

控制敌机移动的速度除了可以用局部静态变量以外,还可以用全局变量,读者可以尝试实现。

2.1.5　击中敌机

第五步增加判断,当子弹和敌机的位置相同时就是击中敌机。增加变量 score 记录游戏得分,击中敌机后 score++。敌机被击中后会先消失,然后重新在随机位置出现,如图 2-4 所示。其中 rand()函数产生一个随机整数,rand()%10 即产生 0~9 的一个随机整数。

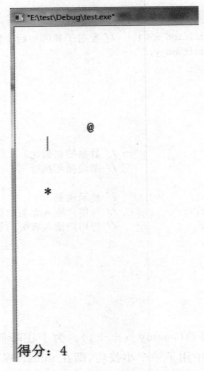

图 2-4　增加敌机和得分的显示

```c
# include < stdio. h >
# include < stdlib. h >
# include < conio. h >

// 全局变量
int position_x, position_y;          // 飞机位置
int bullet_x, bullet_y;              // 子弹位置
int enemy_x, enemy_y;                // 敌机位置
int high, width;                     // 游戏画面尺寸
int score;                           // 得分

void startup()                       // 数据的初始化
{
    high = 20;
    width = 30;
    position_x = high/2;
    position_y = width/2;
    bullet_x = - 2;
    bullet_y = position_y;
    enemy_x = 0;
    enemy_y = position_y;
    score = 0;
}

void show()                          // 显示画面
{
    system("cls");                   // 清屏
    int i, j;
    for (i = 0; i < high; i++)
    {
        for (j = 0; j < width; j++)
        {
            if ((i == position_x) && (j == position_y))
                printf(" * ");        // 输出飞机 *
            else if ((i == enemy_x) && (j == enemy_y))
                printf("@");          // 输出敌机@
            else if ((i == bullet_x) && (j == bullet_y))
                printf("|");          // 输出子弹|
            else
                printf(" ");          // 输出空格
        }
        printf("\n");
    }
    printf("得分: % d\n", score);
}

void updateWithoutInput()            // 与用户输入无关的更新
{
    if (bullet_x > - 1)
        bullet_x -- ;
```

```c
    if ((bullet_x == enemy_x) && (bullet_y == enemy_y))          // 子弹击中敌机
    {
        score++;                          // 分数加 1
        enemy_x = -1;                     // 产生新的飞机
        enemy_y = rand() % width;
        bullet_x = -2;                    // 子弹无效
    }
    if (enemy_x > high)                   // 敌机跑出显示屏幕
    {
        enemy_x = -1;                     // 产生新的飞机
        enemy_y = rand() % width;
    }


    // 用来控制敌机向下移动的速度,每隔几次循环才移动一次敌机
    // 这样修改,虽然用户按键的交互速度还是很快,但 NPC 的移动显示可以降速
    static int speed = 0;
    if (speed < 10)
        speed++;
    if (speed == 10)
    {
        enemy_x++;
        speed = 0;
    }
}

void updateWithInput()                    // 与用户输入有关的更新
{
    char input;
    if(kbhit())                           // 判断是否有输入
    {
        input = getch();                  // 根据用户的不同输入来移动,不必输入回车
        if (input == 'a')
            position_y--;                 // 位置左移
        if (input == 'd')
            position_y++;                 // 位置右移
        if (input == 'w')
            position_x--;                 // 位置上移
        if (input == 's')
            position_x++;                 // 位置下移
        if (input == ' ')                 // 发射子弹
        {
            bullet_x = position_x - 1;    // 发射子弹的初始位置在飞机的正上方
            bullet_y = position_y;
        }
    }
}

int main()
{
    startup();                            // 数据的初始化
    while (1)                             // 游戏循环执行
```

```
    {
        show();                      // 显示画面
        updateWithoutInput();        // 与用户输入无关的更新
        updateWithInput();           // 与用户输入有关的更新
    }
    return 0;
}
```

2.1.6 清屏功能

目前飞机游戏画面的闪烁严重,第六步介绍新的清屏方法。利用 void gotoxy(int x,int y)函数(#include < windows. h >),在 show()函数中首先调用 gotoxy(0,0),光标移动到原点位置,再进行重画,即实现了类似清屏函数的效果。

```
# include < stdio. h >
# include < stdlib. h >
# include < conio. h >
# include < windows. h >

void gotoxy( int x, int y)                    // 将光标移动到(x,y)位置
{
    HANDLE handle = GetStdHandle(STD_OUTPUT_HANDLE);
    COORD pos;
    pos. X = x;
    pos. Y = y;
    SetConsoleCursorPosition(handle, pos);
}

void show()                                   // 显示画面
{
    gotoxy(0,0);                              // 光标移动到原点位置,以下重画清屏
    int i, j;
    for (i = 0; i < high; i++)
    {
        for (j = 0; j < width; j++)
        {
            if ((i == position_x) && (j == position_y))
                printf(" * ");               // 输出飞机 *
            else if ((i == enemy_x) && (j == enemy_y))
                printf("@");                  // 输出敌机@
            else if ((i == bullet_x) && (j == bullet_y))
                printf("|");                  // 输出子弹|
            else
                printf(" ");                  // 输出空格
        }
        printf("\n");
    }
    printf("得分: % d\n", score);
}
```

对于光标闪烁的问题,可以通过隐藏光标函数 HideCursor()解决,使用方法如下:

```
# include < stdio. h >
```

```
# include < windows. h>
void HideCursor()
{
    CONSOLE_CURSOR_INFO cursor_info = {1, 0};  // 第二个值为 0 表示隐藏光标
    SetConsoleCursorInfo(GetStdHandle(STD_OUTPUT_HANDLE), &cursor_info);
}
int main()
{
    HideCursor();                              // 隐藏光标
    return 0;
}
```

2.1.7 小结

本节编写了一个可以交互击中敌机的飞机游戏，是不是很好玩。

思考题：

1. 参考 1.2.3 节中的方法，尝试实现复杂的飞机图形。
2. 随着积分的增加加快敌机的下落速度。
3. 防止玩家操控飞机飞出边界。
4. 增加按 Esc 键后游戏暂停的功能。

2.2 用函数实现反弹球消砖块

本节利用函数将 1.1 节中的弹跳小球进行重构，并增加显示边框、移动挡板、反弹球消砖块的功能，如图 2-5 所示。本节游戏的最终代码参看"\随书资源\第 2 章\ 2.2 反弹球.cpp"。

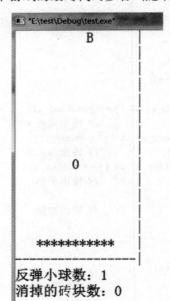

图 2-5 反弹球游戏效果

2.2.1 代码重构

第一步利用函数和游戏框架对 1.1 节中弹跳小球的代码进行重构。

```c
# include < stdio. h >
# include < stdlib. h >
# include < conio. h >
# include < cwindow. h >


// 全局变量
int high, width;                        // 游戏画面大小
int ball_x, ball_y;                     // 小球的坐标
int ball_vx, ball_vy;                   // 小球的速度

void gotoxy(int x, int y)               // 将光标移动到(x, y)位置
{
    HANDLE handle = GetStdHandle(STD_OUTPUT_HANDLE);
    COORD pos;
    pos.X = x;
    pos.Y = y;
    SetConsoleCursorPosition(handle, pos);
}

void startup()                          // 数据的初始化
{
    high = 15;
    width = 20;
    ball_x = 0;
    ball_y = width/2;
    ball_vx = 1;
    ball_vy = 1;
}

void show()                             // 显示画面
{
    gotoxy(0, 0);                       // 光标移动到原点位置, 以下重画清屏
    int i, j;
    for (i = 0; i < high; i++)
    {
        for (j = 0; j < width; j++)
        {
            if ((i == ball_x) && (j == ball_y))
                printf("0");            // 输出小球
            else
                printf(" ");            // 输出空格
        }
        printf("\n");
    }
}

void updateWithoutInput()               // 与用户输入无关的更新
{
    ball_x = ball_x + ball_vx;
```

```
        ball_y = ball_y + ball_vy;

        if ((ball_x == 0)||(ball_x == high - 1))
            ball_vx = - ball_vx;
        if ((ball_y == 0)||(ball_y == width - 1))
            ball_vy = - ball_vy;

        Sleep(50);
}

void updateWithInput()              // 与用户输入有关的更新
{
}

int main()
{
        startup();                  // 数据的初始化
        while (1)                   // 游戏循环执行
        {
            show();                 // 显示画面
            updateWithoutInput();   // 与用户输入无关的更新
            updateWithInput();      // 与用户输入有关的更新
        }
        return 0;
}
```

2.2.2　显示边框

第二步通过在右边界显示'|'字符、在下边界显示'-'字符输出反弹球的边框,如图 2-6 所示。

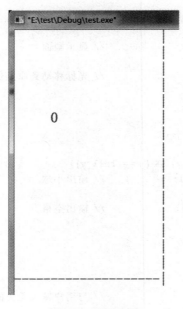

图 2-6　显示边框

```
void show()                          // 显示画面
{
    gotoxy(0,0);                     // 光标移动到原点位置,以下重画清屏
    int i,j;
    for (i = 0;i <= high;i++)
    {
        for (j = 0;j <= width;j++)
        {
            if ((i == ball_x) && (j == ball_y))
                printf("0");         // 输出小球
            else if (j == width)
                printf("|");         // 输出右边框
            else if (i == high)
                printf(" - ");       // 输出下边框
            else
                printf(" ");         // 输出空格
        }
        printf("\n");
    }
}
```

2.2.3 显示移动挡板

第三步显示中心坐标为(position_x,position_y)、半径为 ridus 的挡板,即在画面的最下一行、left~right 范围内显示字符' * ',如图 2-7 所示。通过 a、d 键实现挡板的左右移动。

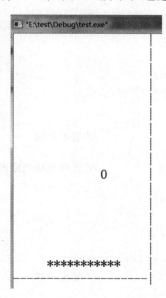

图 2-7 显示挡板

```
# include < stdio.h >
# include < stdlib.h >
# include < conio.h >
```

```c
#include <cwindow.h>

// 全局变量
int high, width;                          // 游戏画面大小
int ball_x, ball_y;                       // 小球的坐标
int ball_vx, ball_vy;                     // 小球的速度
int position_x, position_y;               // 挡板的中心坐标
int ridus;                                // 挡板的半径大小
int left, right;                          // 挡板的左右位置

void gotoxy(int x, int y)                 // 将光标移动到(x,y)位置
{
    HANDLE handle = GetStdHandle(STD_OUTPUT_HANDLE);
    COORD pos;
    pos.X = x;
    pos.Y = y;
    SetConsoleCursorPosition(handle, pos);
}

void startup()                            // 数据的初始化
{
    high = 15;
    width = 20;
    ball_x = 0;
    ball_y = width/2;
    ball_vx = 1;
    ball_vy = 1;
    ridus = 5;
    position_x = high;
    position_y = width/2;
    left = position_y - ridus;
    right = position_y + ridus;
}

void show()                               // 显示画面
{
    gotoxy(0, 0);                         // 光标移动到原点位置,以下重画清屏
    int i, j;
    for (i = 0; i <= high + 1; i++)
    {
        for (j = 0; j <= width; j++)
        {
            if ((i == ball_x) && (j == ball_y))
                printf("0");              // 输出小球
            else if (j == width)
                printf("|");              // 输出右边框
            else if (i == high + 1)
                printf(" - ");            // 输出下边框
            else if ( (i == high) && (j >= left) && (j <= right) )
                printf(" * ");            // 输出挡板
            else
```

```c
            printf(" ");              // 输出空格
        }
        printf("\n");
    }
}

void updateWithoutInput()             // 与用户输入无关的更新
{
    ball_x = ball_x + ball_vx;
    ball_y = ball_y + ball_vy;
    if ((ball_x == 0)||(ball_x == high - 1))
        ball_vx = - ball_vx;
    if ((ball_y == 0)||(ball_y == width - 1))
        ball_vy = - ball_vy;
    Sleep(50);
}

void updateWithInput()                // 与用户输入有关的更新
{
    char input;
    if(kbhit())                       // 判断是否有输入
    {
        input = getch();              // 根据用户的不同输入来移动,不必输入回车
        if (input == 'a')
        {
            position_y-- ;            // 位置左移
            left = position_y - ridus;
            right = position_y + ridus;
        }
        if (input == 'd')
        {
            position_y++;             // 位置右移
            left = position_y - ridus;
            right = position_y + ridus;
        }
    }
}

int main()
{
    startup();                        // 数据的初始化
    while (1)                         // 游戏循环执行
    {
        show();                       // 显示画面
        updateWithoutInput();         // 与用户输入无关的更新
        updateWithInput();            // 与用户输入有关的更新
    }
    return 0;
}
```

2.2.4 反弹小球

第四步通过小球的坐标 ball_y 是否在挡板的 left～right 范围内，判断小球是否被挡板接到，如果是则反弹小球；如果不是则结束游戏。另外使用变量 ball_number 记录反弹的次数，并显示输出。效果如图 2-8 所示。

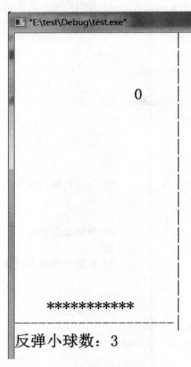

图 2-8　反弹小球效果

```c
#include <stdio.h>
#include <stdlib.h>
#include <conio.h>
#include <cwindow.h>

// 全局变量
int high,width;                     // 游戏画面大小
int ball_x,ball_y;                  // 小球的坐标
int ball_vx,ball_vy;                // 小球的速度
int position_x,position_y;          // 挡板的中心坐标
int ridus;                          // 挡板的半径大小
int left,right;                     // 挡板的左右位置
int ball_number;                    // 反弹小球的次数

void gotoxy(int x,int y)            // 将光标移动到(x,y)位置
{
    HANDLE handle = GetStdHandle(STD_OUTPUT_HANDLE);
    COORD pos;
```

```
        pos.X = x;
        pos.Y = y;
        SetConsoleCursorPosition(handle,pos);
}

void startup()                          // 数据的初始化
{
        high = 15;
        width = 20;
        ball_x = 0;
        ball_y = width/2;
        ball_vx = 1;
        ball_vy = 1;
        ridus = 5;
        position_x = high;
        position_y = width/2;
        left = position_y - ridus;
        right = position_y + ridus;
        ball_number = 0;
}

void show()                             // 显示画面
{
        gotoxy(0,0);                    // 光标移动到原点位置,以下重画清屏
        int i,j;
        for (i = 0;i <= high + 1;i++)
        {
                for (j = 0;j <= width;j++)
                {
                        if ((i == ball_x) && (j == ball_y))
                            printf("0");              // 输出小球
                        else if (j == width)
                            printf("|");              // 输出右边框
                        else if (i == high + 1)
                            printf(" - ");            // 输出下边框
                        else if ( (i == high) && (j >= left) && (j <= right) )
                            printf(" * ");            // 输出挡板
                        else
                            printf(" ");              // 输出空格
                }
                printf("\n");
        }
        printf("反弹小球数: % d\n",ball_number);
}

void updateWithoutInput()               // 与用户输入无关的更新
{
        if (ball_x == high - 1)
        {
                if ( (ball_y >= left) && (ball_y <= right) )              // 被挡板挡住
                {
```

```
                ball_number++;
                printf("\a");                   // 响铃
            }
            else                                // 没有被挡板挡住
            {
                printf("游戏失败\n");
                system("pause");
                exit(0);
            }
        }
    ball_x = ball_x + ball_vx;
    ball_y = ball_y + ball_vy;
    if ((ball_x == 0)||(ball_x == high - 1))
        ball_vx = - ball_vx;
    if ((ball_y == 0)||(ball_y == width - 1))
        ball_vy = - ball_vy;
    Sleep(50);
}


void updateWithInput()                          // 与用户输入有关的更新
{
    char input;
    if(kbhit())                                 // 判断是否有输入
    {
        input = getch();                        // 根据用户的不同输入来移动,不必输入回车
        if (input == 'a')
        {
            position_y-- ;                      // 位置左移
            left = position_y - ridus;
            right = position_y + ridus;
        }
        if (input == 'd')
        {
            position_y++;                       // 位置右移
            left = position_y - ridus;
            right = position_y + ridus;
        }
    }
}


int main()
{
    startup();                                  // 数据的初始化
    while (1)                                    // 游戏循环执行
    {
        show();                                 // 显示画面
        updateWithoutInput();                   // 与用户输入无关的更新
        updateWithInput();                      // 与用户输入有关的更新
    }
    return 0;
}
```

2.2.5 消砖块

第五步增加砖块字符'B',如果小球击中砖块则得分 score＋＋,如图 2-9 所示。

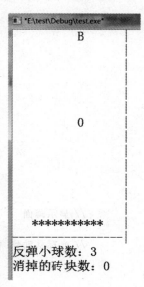

图 2-9 反弹球消砖块游戏效果

```c
# include < stdio. h>
# include < stdlib. h>
# include < conio. h>
# include < cwindow. h>

// 全局变量
int high,width;                     // 游戏画面大小
int ball_x,ball_y;                  // 小球的坐标
int ball_vx,ball_vy;                // 小球的速度
int position_x,position_y;          // 挡板的中心坐标
int ridus;                          // 挡板的半径大小
int left,right;                     // 挡板的左右位置
int ball_number;                    // 反弹小球的次数
int block_x,block_y;                // 砖块的位置
int score;                          // 消掉砖块的个数

void gotoxy(int x,int y)            // 将光标移动到(x,y)位置
{
    HANDLE handle = GetStdHandle(STD_OUTPUT_HANDLE);
    COORD pos;
    pos.X = x;
    pos.Y = y;
    SetConsoleCursorPosition(handle,pos);
}

void startup()                      // 数据的初始化
{
```

```c
    high = 13;
    width = 17;
    ball_x = 0;
    ball_y = width/2;
    ball_vx = 1;
    ball_vy = 1;
    ridus = 6;
    position_x = high;
    position_y = width/2;
    left = position_y - ridus;
    right = position_y + ridus;
    ball_number = 0;
    block_x = 0;
    block_y = width/2 + 1;
    score = 0;
}

void show()                             // 显示画面
{
    gotoxy(0,0);                        // 光标移动到原点位置,以下重画清屏
    int i,j;
    for (i = 0;i <= high + 1;i++)
    {
        for (j = 0;j <= width;j++)
        {
            if ((i == ball_x) && (j == ball_y))
                printf("0");            // 输出小球
            else if (j == width)
                printf("|");            // 输出右边框
            else if (i == high + 1)
                printf(" - ");          // 输出下边框
            else if ( (i == high) && (j > left) && (j < right) )
                printf(" * ");          // 输出挡板
            else if ((i == block_x) && (j == block_y))
                printf("B");            // 输出砖块
            else
                printf(" ");            // 输出空格
        }
        printf("\n");
    }
    printf("反弹小球数: %d\n",ball_number);
    printf("消掉的砖块数: %d\n",score);
}

void updateWithoutInput()               // 与用户输入无关的更新
{
    if (ball_x == high - 1)
    {
        if ( (ball_y >= left) && (ball_y <= right) )        // 被挡板挡住
        {
            ball_number++;
```

```
            printf("\a");                          // 响铃
            //ball_y = ball_y + rand() % 4 - 2;
        }
        else                                        // 没有被挡板挡住
        {
            printf("游戏失败\n");
            system("pause");
            exit(0);
        }
    }

    if ((ball_x == block_x) && (ball_y == block_y))                    // 小球击中砖块
    {
        score++;                            // 分数加 1
        block_y = rand() % width;           // 产生新的砖块
    }

    ball_x = ball_x + ball_vx;
    ball_y = ball_y + ball_vy;
    if ((ball_x == 0) || (ball_x == high - 1))
        ball_vx = - ball_vx;
    if ((ball_y == 0) || (ball_y == width - 1))
        ball_vy = - ball_vy;
    Sleep(80);
}


void updateWithInput()                      // 与用户输入有关的更新
{
    char input;
    if(kbhit())                             // 判断是否有输入
    {
        input = getch();                    // 根据用户的不同输入来移动,不必输入回车
        if (input == 'a')
        {
            position_y--;                   // 位置左移
            left = position_y - ridus;
            right = position_y + ridus;
        }
        if (input == 'd')
        {
            position_y++;                   // 位置右移
            left = position_y - ridus;
            right = position_y + ridus;
        }
    }
}


int main()
{
    startup();                              // 数据的初始化
    while (1)                               // 游戏循环执行
```

```
    {
        show();                          // 显示画面
        updateWithoutInput();            // 与用户输入无关的更新
        updateWithInput();               // 与用户输入有关的更新
    }
    return 0;
}
```

2.2.6 小结

我们在反弹球的基础上还将实现互动粒子仿真(6.3 节)、台球(8.2 节)等游戏。在实现本节程序的过程中,大家会发现有小球一直击不中砖块的情况。

思考题:

1. 增加砖块,使得击中概率增大。
2. 实现对小球更多的操控,从而可以调整击中砖块。

2.3 flappy bird

在学习数组前再实现一个经典游戏——flappy bird,效果如图 2-10 所示。大家可以先按照提示逐步实现,如果有问题再参考书中的代码。本节游戏的最终代码参看"\随书资源\第 2 章\ 2.3 flappy bird.cpp"。

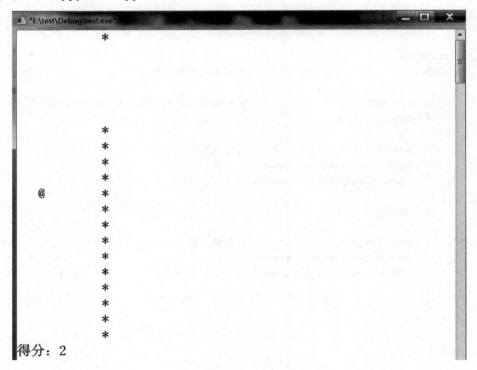

图 2-10 flappy bird 游戏效果

2.3.1　下落的小鸟

第一步实现一个简单下落的小鸟@,和飞机游戏中下落的敌机类似,如图 2-11 所示,按空格键后小鸟上升。

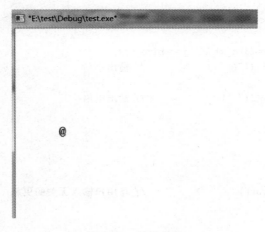

图 2-11　显示小鸟

```c
# include < stdio. h >
# include < stdlib. h >
# include < conio. h >
# include < cwindow. h >

// 全局变量
int high,width;                          // 游戏画面大小
int bird_x,bird_y;                       // 小鸟的坐标
int bar1_y,bar1_xDown,bar1_xTop;         // 障碍物

void gotoxy( int x, int y)               // 将光标移动到(x,y)位置
{
    HANDLE handle = GetStdHandle(STD_OUTPUT_HANDLE);
    COORD pos;
    pos.X = x;
    pos.Y = y;
    SetConsoleCursorPosition(handle,pos);
}

void startup()                           // 数据的初始化
{
    high = 15;
    width = 20;
    bird_x = 0;
    bird_y = width/3;
}

void show()                              // 显示画面
```

```
{
    gotoxy(0,0);                        // 光标移动到原点位置,以下重画清屏
    int i,j;

    for (i = 0;i < high;i++)
    {
        for (j = 0;j < width;j++)
        {
            if ((i == bird_x) && (j == bird_y))
                printf("@");            // 输出小鸟
            else
                printf(" ");            // 输出空格
        }
        printf("\n");
    }
}

void updateWithoutInput()               // 与用户输入无关的更新
{
    bird_x ++;
    Sleep(150);
}

void updateWithInput()                  // 与用户输入有关的更新
{
    char input;
    if(kbhit())                         // 判断是否有输入
    {
        input = getch();                // 根据用户的不同输入来移动,不必输入回车
        if (input == ' ')
            bird_x = bird_x - 2;
    }
}

int main()
{
    startup();                          // 数据的初始化
    while (1)                           // 游戏循环执行
    {
        show();                         // 显示画面
        updateWithoutInput();           // 与用户输入无关的更新
        updateWithInput();              // 与用户输入有关的更新
    }
    return 0;
}
```

2.3.2　显示小鸟和障碍物

第二步同时实现下落小鸟和静止障碍物的显示,注意怎样利用变量 bar1_y、bar1_xTop、bar1_xDown 刻画障碍物的相关信息,如图 2-12 所示。

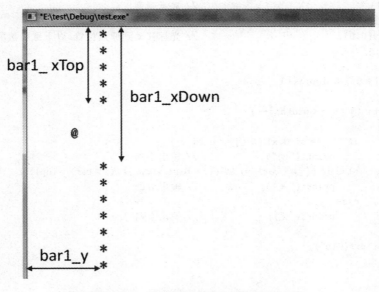

图 2-12 小鸟、障碍物的显示与相应控制变量

```c
# include < stdio. h >
# include < stdlib. h >
# include < conio. h >
# include < cwindow. h >

// 全局变量
int high, width;                           // 游戏画面大小
int bird_x, bird_y;                        // 小鸟的坐标
int bar1_y, bar1_xDown, bar1_xTop;         // 障碍物的相关坐标

void gotoxy( int x, int y)                 // 将光标移动到(x,y)位置
{
    HANDLE handle = GetStdHandle(STD_OUTPUT_HANDLE);
    COORD pos;
    pos. X = x;
    pos. Y = y;
    SetConsoleCursorPosition(handle, pos);
}

void startup()                             // 数据的初始化
{
    high = 15;
    width = 20;
    bird_x = 0;
    bird_y = width/3;
    bar1_y = width/2;
    bar1_xDown = high/3;
    bar1_xTop = high/2;
}
```

```c
void show()                                 // 显示画面
{
    gotoxy(0,0);                            // 光标移动到原点位置,以下重画清屏
    int i,j;

    for (i = 0;i < high;i++)
    {
        for (j = 0;j < width;j++)
        {
            if ((i == bird_x) && (j == bird_y))
                printf("@");                // 输出小鸟
            else if ((j == bar1_y) && ((i < bar1_xDown)||(i > bar1_xTop)))
                printf(" * ");              // 输出墙壁
            else
                printf(" ");                // 输出空格
        }
        printf("\n");
    }
}


void updateWithoutInput()                   // 与用户输入无关的更新
{
    bird_x ++;
    Sleep(150);
}


void updateWithInput()                      // 与用户输入有关的更新
{
    char input;
    if(kbhit())                             // 判断是否有输入
    {
        input = getch();                    // 根据用户的不同输入来移动,不必输入回车
        if (input == ' ')
            bird_x = bird_x - 2;
    }
}


int main()
{
    startup();                              // 数据的初始化
    while (1)                               // 游戏循环执行
    {
        show();                             // 显示画面
        updateWithoutInput();               // 与用户输入无关的更新
        updateWithInput();                  // 与用户输入有关的更新
    }
    return 0;
}
```

2.3.3 让障碍物移动

第三步让障碍物从右向左移动(bar1_y--),类似飞机子弹移动的思路。

```
void updateWithoutInput()          // 与用户输入无关的更新
{
    bird_x ++;
    bar1_y -- ;
    Sleep(150);
}
```

2.3.4 判断是否碰撞

第四步判断小鸟是从障碍物的缝隙中通过((j==bar1_y) && ((i < bar1_xDown) ||
(i > bar1_xTop)))还是发生碰撞,类似 2.2 节判断小球被挡板接住的思路,效果如图 2-13
所示。

图 2-13 碰撞得分显示

```
# include < stdio.h >
# include < stdlib.h >
# include < conio.h >
# include < cwindow.h >


// 全局变量
int high,width;                     // 游戏画面大小
int bird_x,bird_y;                  // 小鸟的坐标
int bar1_y,bar1_xDown,bar1_xTop;    // 障碍物的相关坐标
int score;                          // 得分,经过障碍物的个数
```

```
void gotoxy(int x,int y)                        // 将光标移动到(x,y)位置
{
    HANDLE handle = GetStdHandle(STD_OUTPUT_HANDLE);
    COORD pos;
    pos.X = x;
    pos.Y = y;
    SetConsoleCursorPosition(handle,pos);
}

void startup()                                  // 数据的初始化
{
    high = 20;
    width = 50;
    bird_x = high/2;
    bird_y = 3;
    bar1_y = width/2;
    bar1_xDown = high/3;
    bar1_xTop = high/2;
    score = 0;
}

void show()                                     // 显示画面
{
    gotoxy(0,0);                                // 光标移动到原点位置,以下重画清屏
    int i,j;

    for (i = 0;i < high;i++)
    {
        for (j = 0;j < width;j++)
        {
            if ((i == bird_x) && (j == bird_y))
                printf("@");                    // 输出小鸟
            else if ((j == bar1_y) && ((i < bar1_xDown)||(i > bar1_xTop)))
                printf(" * ");                  // 输出墙壁
            else
                printf(" ");                    // 输出空格
        }
        printf("\n");
    }
    printf("得分: % d\n",score);
}

void updateWithoutInput()                       // 与用户输入无关的更新
{
    bird_x ++;
    bar1_y --;
    if (bird_y == bar1_y)
    {
        if ((bird_x >= bar1_xDown)&&(bird_x <= bar1_xTop))
            score++;
        else
```

```
        {
            printf("游戏失败\n");
            system("pause");
            exit(0);
        }
    }
    Sleep(150);
}


void updateWithInput()                    // 与用户输入有关的更新
{
    char input;
    if(kbhit())                           // 判断是否有输入
    {
        input = getch();                  // 根据用户的不同输入来移动,不必输入回车
        if (input == ' ')
            bird_x = bird_x - 2;
    }
}


int main()
{
    startup();                            // 数据的初始化
    while (1)                             // 游戏循环执行
    {
        show();                           // 显示画面
        updateWithoutInput();             // 与用户输入无关的更新
        updateWithInput();                // 与用户输入有关的更新
    }
    return 0;
}
```

2.3.5 障碍物循环出现

第五步实现类似飞机游戏中敌机被击中后重新出现的效果,障碍物在最左边消失后在最右边循环出现。注意如何利用 rand()函数随机产生障碍物缝隙的位置,并保证缝隙大小足够通过小鸟。

```
void updateWithoutInput()                 // 与用户输入无关的更新
{
    bird_x ++;
    bar1_y -- ;
    if (bird_y == bar1_y)
    {
        if ((bird_x >= bar1_xDown)&&(bird_x <= bar1_xTop))
            score++;
        else
        {
            printf("游戏失败\n");
            system("pause");
```

```
            exit(0);
        }
    }
    if (bar1_y <= 0)                    // 重新生成一个障碍物
    {
        bar1_y = width;
        int temp = rand() % int(high * 0.8);
        bar1_xDown = temp - high/10;
        bar1_xTop = temp + high/10;
    }
    Sleep(150);
}
```

2.3.6   小结

这个 flappy bird 是不是很 cool? 大家也可以用本章的实现思路做出更多常见的小游戏。

思考题:

1. 实现小鸟受重力影响下落的效果,即加速下落。
2. 模拟原版 flappy bird 游戏,在游戏画面中同时显示多个柱子。

第3章

应用数组的游戏开发

空战游戏中能否有 10 台敌机、反弹球消砖块中能否有 30 个待消除砖块、flappy bird 中能否有 5 个柱子同时出现？在学习数组之前以上目标是很难实现的。本章利用数组的知识进一步改进游戏,实现更复杂的效果。

在前两章的基础上,学习本章前需要掌握的新语法知识:数组的定义、数组作为函数的参数。

3.1　生　命　游　戏

假设有 int Cells[50][50],即有 50×50 个小格子,每个小格子里面生命存活(值为 1)或者死亡(值为 0),通过把所有元素的生命状态输出可以显示出相应的图案。

通过这个例子可以体会二维数组在游戏开发中的应用,实现所有数据的存储,并将画面显示、数据更新的代码分离,便于程序的维护和更新。本节游戏的最终代码参看"\随书资源\第 3 章\3.1 生命游戏.cpp",效果如图 3-1 所示。

图 3-1　生命游戏效果

3.1.1 游戏的初始化

第一步利用第 2 章的游戏框架进行初始化，输出静态的生命状态，如图 3-2 所示。二维数组 int cells[High][Width]记录所有位置细胞的存活状态，值为 1 表示生、值为 0 表示死。

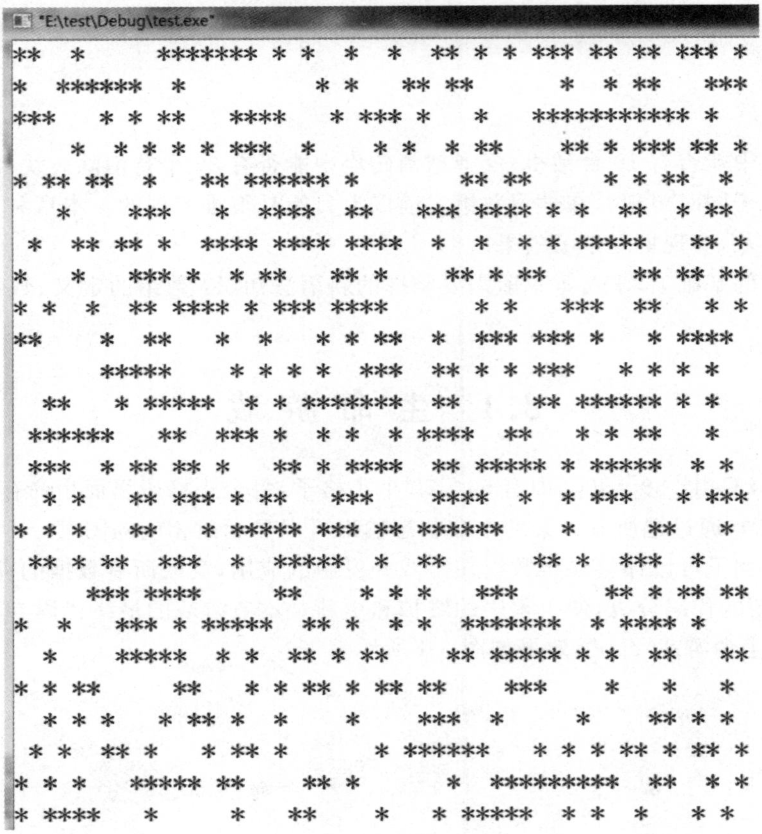

图 3-2 生命游戏的初始化效果

```c
#include <stdio.h>
#include <stdlib.h>
#include <conio.h>
#include <windows.h>
#include <time.h>

#define High 25                        // 游戏画面尺寸
#define Width 50

// 全局变量
int cells[High][Width];                // 所有位置细胞生 1 或死 0

void gotoxy(int x, int y)              // 将光标移动到(x,y)位置
{
    HANDLE handle = GetStdHandle(STD_OUTPUT_HANDLE);
```

```
        COORD pos;
        pos.X = x;
        pos.Y = y;
        SetConsoleCursorPosition(handle,pos);
    }

    void startup()                      // 数据的初始化
    {
        int i,j;
        for (i = 0;i < High;i++)        // 随机初始化
            for (j = 0;j < Width;j++)
            {
                cells[i][j] = rand() % 2;
            }
    }

    void show()                         // 显示画面
    {
        gotoxy(0,0);                    // 光标移动到原点位置,以下重画清屏
        int i,j;
        for (i = 0;i <= High;i++)
        {
            for (j = 0;j <= Width;j++)
            {
                if (cells[i][j] == 1)
                    printf(" * ");      // 输出活的细胞
                else
                    printf(" ");        // 输出空格
            }
            printf("\n");
        }
        Sleep(50);
    }

    void updateWithoutInput()           // 与用户输入无关的更新
    {
    }

    void updateWithInput()              // 与用户输入有关的更新
    {
    }

    int main()
    {
        startup();                      // 数据的初始化
        while (1)                       // 游戏循环执行
        {
            show();                     // 显示画面
            updateWithoutInput();       // 与用户输入无关的更新
            updateWithInput();          // 与用户输入有关的更新
        }
```

```
        return 0;
    }
```

3.1.2   繁衍或死亡

每个矩阵方格可以包含一个有机体,不在边上的有机体有 8 个相邻方格。生命游戏演化的规则如下:

1. 如果一个细胞周围有 3 个细胞为生,则该细胞为生(即该细胞若原先为死,则转为生;若原先为生,则保持不变)。

2. 如果一个细胞周围有两个细胞为生,则该细胞的生死状态保持不变。

3. 在其他情况下该细胞为死(即该细胞若原先为生,则转为死;若原先为死,则保持不变)。

依照上面的规则让细胞进行繁衍或死亡,得到不断变化的图案。注意利用了中间变量数组 NewCells 来保存下一帧的存亡数据,具体原因请读者分析体会。

```c
void startup()                        // 数据的初始化
{
    int i,j;
    for (i = 0;i < High;i++)          // 初始化
        for (j = 0;j < Width;j++)
            cells[i][j] = 1;
}


void updateWithoutInput()             // 与用户输入无关的更新
{
    int NewCells[High][Width];        // 下一帧的细胞情况
    int NeibourNumber;                // 统计邻居的个数
    int i,j;
    for (i = 1;i <= High - 1;i++)
    {
        for (j = 1;j <= Width - 1;j++)
        {
            NeibourNumber = cells[i-1][j-1] + cells[i-1][j] + cells[i-1][j+1]
                + cells[i][j-1] + cells[i][j+1] + cells[i+1][j-1] + cells[i+1][j]
     + cells[i+1][j+1];
            if (NeibourNumber == 3)
                NewCells[i][j] = 1;
            else if (NeibourNumber == 2)
                NewCells[i][j] = cells[i][j];
            else
                NewCells[i][j] = 0;
        }
    }

    for (i = 1;i <= High - 1;i++)
        for (j = 1;j <= Width - 1;j++)
            cells[i][j] = NewCells[i][j];
}
```

3.1.3　小结

读者可以进一步修改生命游戏的规则，实现更复杂的效果。

思考题：

1. 让某块区域有水源，即在某块区域生命更容易生存、繁衍。
2. 实现按＋键生命游戏加速演化显示、-键减速、Esc 键暂停、R 键重新开始。
3. 实现捕食者、猎物组成的生命游戏，分别用不同的字符显示。

3.2　用数组实现反弹球消砖块

本节利用数组知识进一步改进反弹球消砖块游戏，实现多个待消砖块的效果，如图 3-3 所示。本节游戏的最终代码参看"\随书资源\第 3 章\ 3.2 反弹球.cpp"。

3.2.1　反弹球

第一步实现小球反弹的效果，如图 3-4 所示。其中，二维数组 int canvas［High］［Width］存储游戏画布中的所有元素，0 输出空格，1 输出小球'0'；小球坐标为(ball_x,ball_y)，则 canvas[ball_x][ball_y] = 1，数组的其他元素值为 0。在 updateWithoutInput() 函数中小球更新位置时先将原来位置所在数组元素值设为 0，再将新位置所在元素值设为 1。

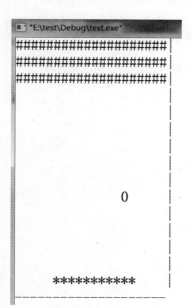

图 3-3　反弹球消砖块游戏效果

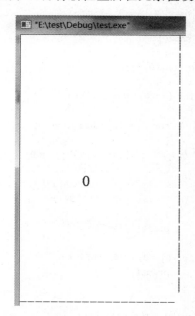

图 3-4　小球反弹效果

```
# include < stdio. h >
# include < stdlib. h >
# include < conio. h >
# include < cwindow. h >
```

```
#define High 15                          // 游戏画面尺寸
#define Width 20

// 全局变量
int ball_x,ball_y;                       // 小球的坐标
int ball_vx,ball_vy;                     // 小球的速度
int canvas[High][Width] = {0};           // 二维数组存储游戏画布中对应的元素
                                         // 0 为空格,1 为小球 0

void gotoxy(int x,int y)                 // 将光标移动到(x,y)位置
{
    HANDLE handle = GetStdHandle(STD_OUTPUT_HANDLE);
    COORD pos;
    pos.X = x;
    pos.Y = y;
    SetConsoleCursorPosition(handle,pos);
}

void startup()                           // 数据的初始化
{
    ball_x = 0;
    ball_y = Width/2;
    ball_vx = 1;
    ball_vy = 1;
    canvas[ball_x][ball_y] = 1;
}

void show()                              // 显示画面
{
    gotoxy(0,0);                         // 光标移动到原点位置,以下重画清屏
    int i,j;
    for (i = 0;i < High;i++)
    {
        for (j = 0;j < Width;j++)
        {
            if (canvas[i][j] == 0)
                printf(" ");             // 输出空格
            else if (canvas[i][j] == 1)
                printf("0");             // 输出小球 0
        }
        printf("|\n");                   // 显示右边界
    }
    for (j = 0;j < Width;j++)
        printf(" - ");                   // 显示下边界
}

void updateWithoutInput()                // 与用户输入无关的更新
{
    canvas[ball_x][ball_y] = 0;

    ball_x = ball_x + ball_vx;
    ball_y = ball_y + ball_vy;

    if ((ball_x == 0)||(ball_x == High - 1))
```

```
            ball_vx = - ball_vx;
        if ((ball_y == 0) || (ball_y == Width - 1))
            ball_vy = - ball_vy;

        canvas[ball_x][ball_y] = 1;

        Sleep(50);
}

void updateWithInput()                    // 与用户输入有关的更新
{
}

int main()
{
    startup();                            // 数据的初始化
    while (1)                             // 游戏循环执行
    {
        show();                           // 显示画面
        updateWithoutInput();             // 与用户输入无关的更新
        updateWithInput();                // 与用户输入有关的更新
    }
    return 0;
}
```

3.2.2　增加挡板

第二步类似 2.2 节增加挡板,当二维数组 canvas[High][Width]中的元素值为 2 时输出挡板'＊'。当在 updateWithInput()函数中控制挡板移动时每帧仅移动一个单位,同样需要先将原来位置所在数组元素值设为 0,再将新位置所在元素值设为 2,效果如图 3-5 所示。

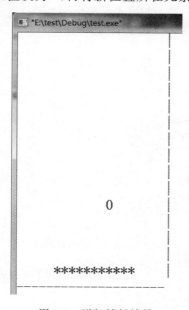

图 3-5　增加挡板效果

```
# include < stdio. h>
# include < stdlib. h>
# include < conio. h>
# include < cwindow. h>

# define High 15                          // 游戏画面尺寸
# define Width 20

// 全局变量
int ball_x,ball_y;                        // 小球的坐标
int ball_vx,ball_vy;                      // 小球的速度
int position_x,position_y;                // 挡板的中心坐标
int ridus;                                // 挡板的半径大小
int left,right;                           // 挡板的左右位置
int canvas[High][Width] = {0};            // 二维数组存储游戏画布中对应的元素
// 0 为空格,1 为小球 0,2 为挡板 *

void gotoxy( int x, int y)                // 将光标移动到(x, y)位置
{
    HANDLE handle = GetStdHandle(STD_OUTPUT_HANDLE);
    COORD pos;
    pos. X = x;
    pos. Y = y;
    SetConsoleCursorPosition( handle, pos);
}

void startup()                            // 数据的初始化
{
    ball_x = 0;
    ball_y = Width/2;
    ball_vx = 1;
    ball_vy = 1;
    canvas[ball_x][ball_y] = 1;

    ridus = 5;
    position_x = High - 1;
    position_y = Width/2;
    left = position_y - ridus;
    right = position_y + ridus;

    int k;
    for (k = left;k < = right;k++)
        canvas[position_x][k] = 2;
}

void show()                               // 显示画面
{
    gotoxy(0,0);                          // 光标移动到原点位置,以下重画清屏
    int i,j;
    for (i = 0;i < High;i++)
    {
```

```
        for (j = 0;j < Width;j++)
        {
            if (canvas[i][j] == 0)
                printf(" ");              // 输出空格
            else if (canvas[i][j] == 1)
                printf("0");              // 输出小球 0
            else if (canvas[i][j] == 2)
                printf(" * ");            // 输出挡板 *
        }
        printf("|\n");                    // 显示右边界
    }
    for (j = 0;j < Width;j++)
        printf(" - ");                    // 显示下边界
    printf("\n");
}


void updateWithoutInput()                 // 与用户输入无关的更新
{
    if (ball_x == High - 2)
    {
        if ( (ball_y >= left) && (ball_y <= right) )         // 被挡板挡住
        {
            printf("\a");                 // 响铃
        }
        else                              // 没有被挡板挡住
        {
            printf("游戏失败\n");
            system("pause");
            exit(0);
        }
    }

    canvas[ball_x][ball_y] = 0;

    ball_x = ball_x + ball_vx;
    ball_y = ball_y + ball_vy;

    if ((ball_x == 0)||(ball_x == High - 2))
        ball_vx = - ball_vx;
    if ((ball_y == 0)||(ball_y == Width - 1))
        ball_vy = - ball_vy;

    canvas[ball_x][ball_y] = 1;

    Sleep(50);
}


void updateWithInput()                    // 与用户输入有关的更新
{
    char input;
    if(kbhit())                           // 判断是否有输入
```

```
    {
        input = getch();                    // 根据用户的不同输入来移动,不必输入回车
        if (input == 'a' && left > 0)
        {
            canvas[position_x][right] = 0;
            position_y -- ;                  // 位置左移
            left = position_y - ridus;
            right = position_y + ridus;
            canvas[position_x][left] = 2;
        }
        if (input == 'd' && right < Width - 1)
        {
            canvas[position_x][left] = 0;
            position_y++;                    // 位置右移
            left = position_y - ridus;
            right = position_y + ridus;
            canvas[position_x][right] = 2;
        }
    }
}


int main()
{
    startup();                              // 数据的初始化
    while (1)                               // 游戏循环执行
    {
        show();                             // 显示画面
        updateWithoutInput();               // 与用户输入无关的更新
        updateWithInput();                  // 与用户输入有关的更新
    }
    return 0;
}
```

3.2.3 消砖块

第三步增加砖块,当二维数组 canvas[High][Width]中的元素值为 3 时输出挡板'♯'。由于采用了数组,在 startup()中可以很方便地初始化多个砖块。在 updateWithoutInput()中判断小球碰到砖块后对应数组元素值由 3 变为 0,即该砖块消失,效果如图 3-6 所示。

```
# include < stdio. h >
# include < stdlib. h >
# include < conio. h >
# include < cwindow. h >

# define High 15                           // 游戏画面尺寸
# define Width 20

// 全局变量
int ball_x, ball_y;                        // 小球的坐标
int ball_vx, ball_vy;                      // 小球的速度
```

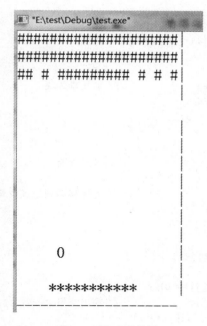

图 3-6 消砖块效果

```
int position_x,position_y;              // 挡板的中心坐标
int ridus;                              // 挡板的半径大小
int left,right;                         // 挡板的左右位置
int canvas[High][Width] = {0};          // 二维数组存储游戏画布中对应的元素
// 0 为空格,1 为小球 0,2 为挡板 * ,3 为砖块 #

void gotoxy(int x, int y)               // 将光标移动到(x,y)位置
{
    HANDLE handle = GetStdHandle(STD_OUTPUT_HANDLE);
    COORD pos;
    pos.X = x;
    pos.Y = y;
    SetConsoleCursorPosition(handle,pos);
}

void startup()                          // 数据的初始化
{
    ridus = 5;
    position_x = High - 1;
    position_y = Width/2;
    left = position_y - ridus;
    right = position_y + ridus;

    ball_x = position_x - 1;
    ball_y = position_y;
    ball_vx = -1;
    ball_vy = 1;
    canvas[ball_x][ball_y] = 1;
```

```
    int k,i;
    for (k = left;k <= right;k++)          // 挡板
        canvas[position_x][k] = 2;

    for (k = 0;k < Width;k++)              // 加几排砖块
        for (i = 0;i < High/4;i++)
            canvas[i][k] = 3;
}

void show()                                // 显示画面
{
    gotoxy(0,0);                           // 光标移动到原点位置,以下重画清屏
    int i,j;
    for (i = 0;i < High;i++)
    {
        for (j = 0;j < Width;j++)
        {
            if (canvas[i][j] == 0)
                printf(" ");               // 输出空格
            else if (canvas[i][j] == 1)
                printf("O");               // 输出小球 O
            else if (canvas[i][j] == 2)
                printf(" * ");             // 输出挡板 *
            else if (canvas[i][j] == 3)
                printf(" # ");             // 输出砖块 #
        }
        printf("|\n");                     // 显示右边界
    }
    for (j = 0;j < Width;j++)
        printf(" - ");                     // 显示下边界
    printf("\n");
}

void updateWithoutInput()                  // 与用户输入无关的更新
{
    if (ball_x == High - 2)
    {
        if ( (ball_y >= left) && (ball_y <= right) )          // 被挡板挡住
        {
        }
        else                               // 没有被挡板挡住
        {
            printf("游戏失败\n");
            system("pause");
            exit(0);
        }
    }

    static int speed = 0;
    if (speed < 7)
```

```
        speed++;
    if (speed == 7)
    {
        speed = 0;

        canvas[ball_x][ball_y] = 0;
        // 更新小球的坐标
        ball_x = ball_x + ball_vx;
        ball_y = ball_y + ball_vy;
        canvas[ball_x][ball_y] = 1;

        // 碰到边界后反弹
        if ((ball_x == 0)||(ball_x == High - 2))
            ball_vx = - ball_vx;
        if ((ball_y == 0)||(ball_y == Width - 1))
            ball_vy = - ball_vy;

        // 碰到砖块后反弹
        if (canvas[ball_x - 1][ball_y] == 3)
        {
            ball_vx = - ball_vx;
            canvas[ball_x - 1][ball_y] = 0;
            printf("\a");
        }
    }
}


void updateWithInput()              // 与用户输入有关的更新
{
    char input;
    if(kbhit())                     // 判断是否有输入
    {
        input = getch();            // 根据用户的不同输入来移动,不必输入回车
        if (input == 'a' && left > 0)
        {
            canvas[position_x][right] = 0;
            position_y -- ;             // 位置左移
            left = position_y - ridus;
            right = position_y + ridus;
            canvas[position_x][left] = 2;
        }
        if (input == 'd' && right < Width - 1)
        {
            canvas[position_x][left] = 0;
            position_y++;               // 位置右移
            left = position_y - ridus;
            right = position_y + ridus;
            canvas[position_x][right] = 2;
        }
    }
}
```

```
int main()
{
    startup();                              // 数据的初始化
    while (1)                               // 游戏循环执行
    {
        show();                             // 显示画面
        updateWithoutInput();               // 与用户输入无关的更新
        updateWithInput();                  // 与用户输入有关的更新
    }
    return 0;
}
```

3.2.4　小结

应用数组可以更方便地记录复杂的数据,实现更复杂的显示、逻辑判断与控制。

思考题:

1. 按空格键发射新的小球。
2. 尝试实现接金币的小游戏。

3.3　空 战 游 戏

本节利用数组进一步改进空战游戏,并实现多台敌机、发射散弹等效果,如图 3-7 所示。读者可以先尝试逐步实现,再参考代码"\随书资源\第 3 章\ 3.3 空战游戏.cpp"。

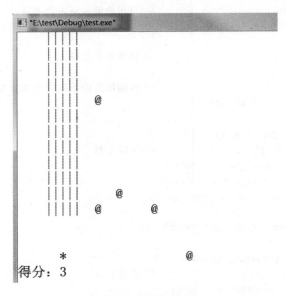

图 3-7　空战游戏效果

3.3.1 飞机的显示与控制

第一步实现飞机的显示和控制。在二维数组 int canvas[High][Width]中存储游戏画面数据,元素值为 0 输出空格,为 1 输出飞机'*',飞机移动的实现和 3.2 节中反弹球的移动类似。

```c
#include <stdio.h>
#include <stdlib.h>
#include <conio.h>
#include <windows.h>

#define High 25                           // 游戏画面尺寸
#define Width 50

// 全局变量
int position_x,position_y;                // 飞机的位置
int canvas[High][Width] = {0};            // 二维数组存储游戏画布中对应的元素
                                          // 0 为空格,1 为飞机 *

void gotoxy(int x,int y)                   // 将光标移动到(x,y)位置
{
    HANDLE handle = GetStdHandle(STD_OUTPUT_HANDLE);
    COORD pos;
    pos.X = x;
    pos.Y = y;
    SetConsoleCursorPosition(handle,pos);
}

void startup()                             // 数据的初始化
{
    position_x = High/2;
    position_y = Width/2;
    canvas[position_x][position_y] = 1;
}

void show()                                // 显示画面
{
    gotoxy(0,0);                           // 光标移动到原点位置,以下重画清屏
    int i,j;
    for (i = 0;i < High;i++)
    {
        for (j = 0;j < Width;j++)
        {
            if (canvas[i][j] == 0)
                printf(" ");               // 输出空格
            else if (canvas[i][j] == 1)
                printf(" * ");             // 输出飞机 *
        }
        printf("\n");
    }
}
```

```c
}

void updateWithoutInput()                    // 与用户输入无关的更新
{
}

void updateWithInput()                       // 与用户输入有关的更新
{
    char input;
    if(kbhit())                              // 判断是否有输入
    {
        input = getch();                     // 根据用户的不同输入来移动,不必输入回车
        if (input == 'a')
        {
            canvas[position_x][position_y] = 0;
            position_y -- ;                  // 位置左移
            canvas[position_x][position_y] = 1;
        }
        else if (input == 'd')
        {
            canvas[position_x][position_y] = 0;
            position_y++;                    // 位置右移
            canvas[position_x][position_y] = 1;
        }
        else if (input == 'w')
        {
            canvas[position_x][position_y] = 0;
            position_x -- ;                  // 位置上移
            canvas[position_x][position_y] = 1;
        }
        else if (input == 's')
        {
            canvas[position_x][position_y] = 0;
            position_x++;                    // 位置下移
            canvas[position_x][position_y] = 1;
        }
    }
}

int main()
{
    startup();                               // 数据的初始化
    while (1)                                // 游戏循环执行
    {
        show();                              // 显示画面
        updateWithoutInput();                // 与用户输入无关的更新
        updateWithInput();                   // 与用户输入有关的更新
    }
    return 0;
}
```

3.3.2　发射子弹

第二步实现发射子弹的功能,当二维数组 canvas[High][Width]中的元素值为 2 时输出子弹'|'。改进后玩家可以连续按键,在画面中会同时显示多发子弹,如图 3-8 所示。

图 3-8　发射多发子弹效果

```c
# include < stdio. h>
# include < stdlib. h>
# include < conio. h>
# include < windows. h>

# define High 25                      // 游戏画面尺寸
# define Width 50

// 全局变量
int position_x, position_y;           // 飞机的位置
int canvas[High][Width] = {0};        // 二维数组存储游戏画布中对应的元素
                                      // 0 为空格,1 为飞机 * ,2 为子弹|,3 为敌机@

void gotoxy(int x, int y)             // 将光标移动到(x, y)位置
{
    HANDLE handle = GetStdHandle(STD_OUTPUT_HANDLE);
    COORD pos;
    pos. X = x;
    pos. Y = y;
    SetConsoleCursorPosition(handle, pos);
}

void startup()                        // 数据的初始化
{
    position_x = High/2;
    position_y = Width/2;
    canvas[position_x][position_y] = 1;
}
```

```c
void show()                              // 显示画面
{
    gotoxy(0,0);                         // 光标移动到原点位置,以下重画清屏
    int i,j;
    for (i = 0;i < High;i++)
    {
        for (j = 0;j < Width;j++)
        {
            if (canvas[i][j] == 0)
                printf(" ");             // 输出空格
            else if (canvas[i][j] == 1)
                printf(" * ");           // 输出飞机 *
            else if (canvas[i][j] == 2)
                printf("|");             // 输出子弹 |
        }
        printf("\n");
    }
}

void updateWithoutInput()                // 与用户输入无关的更新
{
    int i,j;
    for (i = 0;i < High;i++)
    {
        for (j = 0;j < Width;j++)
        {
            if (canvas[i][j] == 2)       // 子弹向上移动
            {
                canvas[i][j] = 0;
                if (i > 0)
                    canvas[i-1][j] = 2;
            }
        }
    }
}

void updateWithInput()                   // 与用户输入有关的更新
{
    char input;
    if(kbhit())                          // 判断是否有输入
    {
        input = getch();                 // 根据用户的不同输入来移动,不必输入回车
        if (input == 'a')
        {
            canvas[position_x][position_y] = 0;
            position_y--;                // 位置左移
            canvas[position_x][position_y] = 1;
        }
        else if (input == 'd')
        {
```

```
            canvas[position_x][position_y] = 0;
            position_y++;                // 位置右移
            canvas[position_x][position_y] = 1;
        }
        else if (input == 'w')
        {
            canvas[position_x][position_y] = 0;
            position_x--;                // 位置上移
            canvas[position_x][position_y] = 1;
        }
        else if (input == 's')
        {
            canvas[position_x][position_y] = 0;
            position_x++;                // 位置下移
            canvas[position_x][position_y] = 1;
        }
        else if (input == ' ')           // 发射子弹
        {
            canvas[position_x-1][position_y] = 2;  // 发射子弹的初始位置在飞机的正上方
        }
    }
}


int main()
{
    startup();                       // 数据的初始化
    while (1)                        // 游戏循环执行
    {
        show();                      // 显示画面
        updateWithoutInput();        // 与用户输入无关的更新
        updateWithInput();           // 与用户输入有关的更新
    }
    return 0;
}
```

3.3.3　击中敌机

第三步增加一个下落的敌机,当二维数组 canvas[High][Width]中的元素值为 3 时输出敌机'@',加入击中敌机、敌机撞击我机的功能,如图 3-9 所示。

```
# include < stdio. h >
# include < stdlib. h >
# include < conio. h >
# include < windows. h >

# define High 15                     // 游戏画面尺寸
# define Width 25

// 全局变量
int position_x,position_y;           // 飞机的位置
```

得分： 3

图 3-9 增加敌机和得分显示

```c
int enemy_x,enemy_y;                    // 敌机的位置
int canvas[High][Width] = {0};          // 二维数组存储游戏画布中对应的元素
                                        // 0 为空格,1 为飞机 *,2 为子弹|,3 为敌机@
int score;                              // 得分

void gotoxy(int x,int y)                // 将光标移动到(x,y)位置
{
    HANDLE handle = GetStdHandle(STD_OUTPUT_HANDLE);
    COORD pos;
    pos.X = x;
    pos.Y = y;
    SetConsoleCursorPosition(handle,pos);
}

void startup()                          // 数据的初始化
{
    position_x = High-1;
    position_y = Width/2;
    canvas[position_x][position_y] = 1;
    enemy_x = 0;
    enemy_y = position_y;
    canvas[enemy_x][enemy_y] = 3;
    score = 0;
}

void show()                             // 显示画面
{
    gotoxy(0,0);                        // 光标移动到原点位置,以下重画清屏
    int i,j;
    for (i = 0;i < High;i++)
```

```
    {
        for (j = 0;j < Width;j++)
        {
            if (canvas[i][j] == 0)
                printf(" ");                 // 输出空格
            else if (canvas[i][j] == 1)
                printf(" * ");               // 输出飞机 *
            else if (canvas[i][j] == 2)
                printf("|");                 // 输出子弹 |
            else if (canvas[i][j] == 3)
                printf("@");                 // 输出敌机 @
        }
        printf("\n");
    }
    printf("得分: % 3d\n",score);
    Sleep(20);
}


void updateWithoutInput()                    // 与用户输入无关的更新
{
    int i,j;
    for (i = 0;i < High;i++)
    {
        for (j = 0;j < Width;j++)
        {
            if (canvas[i][j] == 2)
            {
                if ((i == enemy_x) && (j == enemy_y))            // 子弹击中敌机
                {
                    score++;             // 分数加 1
                    canvas[enemy_x][enemy_y] = 0;
                    enemy_x = 0;          // 产生新的飞机
                    enemy_y = rand() % Width;
                    canvas[enemy_x][enemy_y] = 3;
                    canvas[i][j] = 0;   // 子弹消失
                }

                // 子弹向上移动
                canvas[i][j] = 0;
                if (i > 0)
                    canvas[i-1][j] = 2;
            }
        }
    }

    if ((position_x == enemy_x) && (position_y == enemy_y))      // 敌机撞到我机
    {
        printf("失败!\n");
        Sleep(3000);
        system("pause");
        exit(0);
```

```
    }

    if (enemy_x > High)                    // 敌机跑出显示屏幕
    {
        canvas[enemy_x][enemy_y] = 0;
        enemy_x = 0;                       // 产生新的飞机
        enemy_y = rand() % Width;
        canvas[enemy_x][enemy_y] = 3;
        score-- ;                          // 减分
    }

    static int speed = 0;
    if (speed < 10)
        speed++;
    if (speed == 10)
    {
        // 敌机下落
        canvas[enemy_x][enemy_y] = 0;
        enemy_x++;
        speed = 0;
        canvas[enemy_x][enemy_y] = 3;
    }
}

void updateWithInput()                     // 与用户输入有关的更新
{
    char input;
    if(kbhit())                            // 判断是否有输入
    {
        input = getch();                   // 根据用户的不同输入来移动,不必输入回车
        if (input == 'a')
        {
            canvas[position_x][position_y] = 0;
            position_y-- ;                 // 位置左移
            canvas[position_x][position_y] = 1;
        }
        else if (input == 'd')
        {
            canvas[position_x][position_y] = 0;
            position_y++;                  // 位置右移
            canvas[position_x][position_y] = 1;
        }
        else if (input == 'w')
        {
            canvas[position_x][position_y] = 0;
            position_x-- ;                 // 位置上移
            canvas[position_x][position_y] = 1;
        }
        else if (input == 's')
        {
            canvas[position_x][position_y] = 0;
```

```
            position_x++;                   // 位置下移
            canvas[position_x][position_y] = 1;
        }
        else if (input == ' ')              // 发射子弹
        {
            canvas[position_x-1][position_y] = 2;   // 发射子弹的初始位置在飞机的正上方
        }
    }
}

int main()
{
    startup();                          // 数据的初始化
    while (1)                           // 游戏循环执行
    {
        show();                         // 显示画面
        updateWithoutInput();           // 与用户输入无关的更新
        updateWithInput();              // 与用户输入有关的更新
    }
    return 0;
}
```

3.3.4　多台敌机

第四步利用数组 enemy_x[EnemyNum],enemy_y[EnemyNum]存储多台敌机的位置，可以实现同时出现多台敌机的效果。

```
#include <stdio.h>
#include <stdlib.h>
#include <conio.h>
#include <windows.h>

#define High 15                         // 游戏画面尺寸
#define Width 25
#define EnemyNum 5                      // 敌机的个数

// 全局变量
int position_x,position_y;              // 飞机的位置
int enemy_x[EnemyNum],enemy_y[EnemyNum];  // 敌机的位置
int canvas[High][Width] = {0};          // 二维数组存储游戏画布中对应的元素
                                        // 0为空格,1为飞机*,2为子弹|,3为敌机@
int score;                              // 得分

void gotoxy(int x,int y)                // 将光标移动到(x,y)位置
{
    HANDLE handle = GetStdHandle(STD_OUTPUT_HANDLE);
    COORD pos;
    pos.X = x;
    pos.Y = y;
    SetConsoleCursorPosition(handle,pos);
```

```c
}

void startup()                              // 数据的初始化
{
    position_x = High - 1;
    position_y = Width/2;
    canvas[position_x][position_y] = 1;
    int k;
    for (k = 0;k < EnemyNum;k++)
    {
        enemy_x[k] = rand() % 2;
        enemy_y[k] = rand() % Width;
        canvas[enemy_x[k]][enemy_y[k]] = 3;
    }
    score = 0;
}

void show()                                 // 显示画面
{
    gotoxy(0,0);                            // 光标移动到原点位置,以下重画清屏
    int i,j;
    for (i = 0;i < High;i++)
    {
        for (j = 0;j < Width;j++)
        {
            if (canvas[i][j] == 0)
                printf(" ");                // 输出空格
            else if (canvas[i][j] == 1)
                printf(" * ");              // 输出飞机 *
            else if (canvas[i][j] == 2)
                printf("|");                // 输出飞机|
            else if (canvas[i][j] == 3)
                printf("@");                // 输出飞机@
        }
        printf("\n");
    }
    printf("得分: % 3d\n",score);
    Sleep(20);
}

void updateWithoutInput()                   // 与用户输入无关的更新
{
    int i,j,k;
    for (i = 0;i < High;i++)
    {
        for (j = 0;j < Width;j++)
        {
            if (canvas[i][j] == 2)
            {
                for (k = 0;k < EnemyNum;k++)
                {
```

```
        if ((i == enemy_x[k]) && (j == enemy_y[k]))           // 子弹击中敌机
        {
            score++;                // 分数加 1
            canvas[enemy_x[k]][enemy_y[k]] = 0;
            enemy_x[k] = rand() % 2;                          // 产生新的飞机
            enemy_y[k] = rand() % Width;
            canvas[enemy_x[k]][enemy_y[k]] = 3;
            canvas[i][j] = 0;    // 子弹消失
        }
    }
    // 子弹向上移动
    canvas[i][j] = 0;
    if (i > 0)
        canvas[i-1][j] = 2;
}
    }
}


static int speed = 0;
if (speed < 20)
    speed++;

for (k = 0;k < EnemyNum;k++)
{
    if ((position_x == enemy_x[k]) && (position_y == enemy_y[k]))      // 敌机撞到我机
    {
        printf("失败!\n");
        Sleep(3000);
        system("pause");
        exit(0);
    }

    if (enemy_x[k] > High)                // 敌机跑出显示屏幕
    {
        canvas[enemy_x[k]][enemy_y[k]] = 0;
        enemy_x[k] = rand() % 2;          // 产生新的飞机
        enemy_y[k] = rand() % Width;
        canvas[enemy_x[k]][enemy_y[k]] = 3;
        score -- ;                        // 减分
    }

    if (speed == 20)
    {
        // 敌机下落
        for (k = 0;k < EnemyNum;k++)
        {
            canvas[enemy_x[k]][enemy_y[k]] = 0;
            enemy_x[k]++;
            speed = 0;
            canvas[enemy_x[k]][enemy_y[k]] = 3;
        }
```

```c
        }
    }
}

void updateWithInput()                      // 与用户输入有关的更新
{
    char input;
    if(kbhit())                             // 判断是否有输入
    {
        input = getch();                    // 根据用户的不同输入来移动,不必输入回车
        if (input == 'a')
        {
            canvas[position_x][position_y] = 0;
            position_y-- ;                  // 位置左移
            canvas[position_x][position_y] = 1;
        }
        else if (input == 'd')
        {
            canvas[position_x][position_y] = 0;
            position_y++;                   // 位置右移
            canvas[position_x][position_y] = 1;
        }
        else if (input == 'w')
        {
            canvas[position_x][position_y] = 0;
            position_x-- ;                  // 位置上移
            canvas[position_x][position_y] = 1;
        }
        else if (input == 's')
        {
            canvas[position_x][position_y] = 0;
            position_x++;                   // 位置下移
            canvas[position_x][position_y] = 1;
        }
        else if (input == ' ')              // 发射子弹
        {
            canvas[position_x-1][position_y] = 2;   // 发射子弹的初始位置在飞机的正上方
        }
    }
}

int main()
{
    startup();                              // 数据的初始化
    while (1)                               // 游戏循环执行
    {
        show();                             // 显示画面
        updateWithoutInput();               // 与用户输入无关的更新
        updateWithInput();                  // 与用户输入有关的更新
    }
    return 0;
}
```

3.3.5　发射散弹

第五步实现发射宽度为 BulletWidth 的散弹,如图 3-10 所示。当积分增加后,散弹半径增大、敌机移动的速度加快。

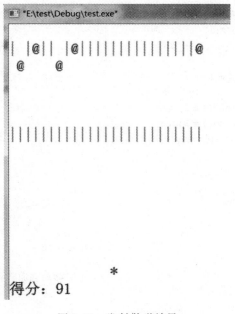

图 3-10　发射散弹效果

```
# include < stdio. h >
# include < stdlib. h >
# include < conio. h >
# include < windows. h >

# define High 15                          // 游戏画面尺寸
# define Width 25
# define EnemyNum 5                        // 敌机的个数

// 全局变量
int position_x,position_y;                 // 飞机的位置
int enemy_x[EnemyNum],enemy_y[EnemyNum];   // 敌机的位置
int canvas[High][Width] = {0};            // 二维数组存储游戏画布中对应的元素
                                          // 0 为空格,1 为飞机 *,2 为子弹|,3 为敌机@
int score;                                // 得分
int BulletWidth;                          // 子弹的宽度
int EnemyMoveSpeed;                        // 敌机的移动速度

void gotoxy( int x, int y)                // 将光标移动到(x,y)位置
{
    HANDLE handle = GetStdHandle(STD_OUTPUT_HANDLE);
    COORD pos;
    pos.X = x;
```

```c
        pos.Y = y;
        SetConsoleCursorPosition(handle,pos);
}

void startup()                              // 数据的初始化
{
    position_x = High - 1;
    position_y = Width/2;
    canvas[position_x][position_y] = 1;
    int k;
    for (k = 0;k < EnemyNum;k++)
    {
        enemy_x[k] = rand() % 2;
        enemy_y[k] = rand() % Width;
        canvas[enemy_x[k]][enemy_y[k]] = 3;
    }
    score = 0;
    BulletWidth = 0;
    EnemyMoveSpeed = 20;
}

void show()                                 // 显示画面
{
    gotoxy(0,0);                            // 光标移动到原点位置,以下重画清屏
    int i,j;
    for (i = 0;i < High;i++)
    {
        for (j = 0;j < Width;j++)
        {
            if (canvas[i][j] == 0)
                printf(" ");                // 输出空格
            else if (canvas[i][j] == 1)
                printf(" * ");              // 输出飞机 *
            else if (canvas[i][j] == 2)
                printf("|");                // 输出子弹|
            else if (canvas[i][j] == 3)
                printf("@");                // 输出飞机@
        }
        printf("\n");
    }
    printf("得分: % d\n",score);
    Sleep(20);
}

void updateWithoutInput()                   // 与用户输入无关的更新
{
    int i,j,k;
    for (i = 0;i < High;i++)
    {
        for (j = 0;j < Width;j++)
        {
```

```
            if (canvas[i][j] == 2)
            {
                for (k = 0;k < EnemyNum;k++)
                {
                    if ((i == enemy_x[k]) && (j == enemy_y[k]))          // 子弹击中敌机
                    {
                        score++;               // 分数加 1
                        if (score % 5 == 0 && EnemyMoveSpeed > 3)  // 达到一定积分后敌机变快
                            EnemyMoveSpeed -- ;
                        if (score % 5 == 0)     // 达到一定积分后子弹变厉害
                            BulletWidth++;
                        canvas[enemy_x[k]][enemy_y[k]] = 0;
                        enemy_x[k] = rand() % 2;                       // 产生新的飞机
                        enemy_y[k] = rand() % Width;
                        canvas[enemy_x[k]][enemy_y[k]] = 3;
                        canvas[i][j] = 0;   // 子弹消失
                    }
                }
                // 子弹向上移动
                canvas[i][j] = 0;
                if (i > 0)
                    canvas[i - 1][j] = 2;
            }
        }
    }

static int speed = 0;
if (speed < EnemyMoveSpeed)
    speed++;

for (k = 0;k < EnemyNum;k++)
{
    if ((position_x == enemy_x[k]) && (position_y == enemy_y[k]))          // 敌机撞到我机
    {
        printf("失败!\n");
        Sleep(3000);
        system("pause");
        exit(0);
    }

    if (enemy_x[k] > High)                     // 敌机跑出显示屏幕
    {
        canvas[enemy_x[k]][enemy_y[k]] = 0;
        enemy_x[k] = rand() % 2;           // 产生新的飞机
        enemy_y[k] = rand() % Width;
        canvas[enemy_x[k]][enemy_y[k]] = 3;
        score -- ;                          // 减分
    }

    if (speed == EnemyMoveSpeed)
    {
        // 敌机下落
        for (k = 0;k < EnemyNum;k++)
        {
```

```
                    canvas[enemy_x[k]][enemy_y[k]] = 0;
                    enemy_x[k]++;
                    speed = 0;
                    canvas[enemy_x[k]][enemy_y[k]] = 3;
                }
            }
        }
}


void updateWithInput()                          // 与用户输入有关的更新
{
    char input;
    if(kbhit())                                 // 判断是否有输入
    {
        input = getch();                        // 根据用户的不同输入来移动,不必输入回车
        if (input == 'a' && position_y > 0)
        {
            canvas[position_x][position_y] = 0;
            position_y--;                       // 位置左移
            canvas[position_x][position_y] = 1;
        }
        else if (input == 'd' && position_y < Width-1)
        {
            canvas[position_x][position_y] = 0;
            position_y++;                       // 位置右移
            canvas[position_x][position_y] = 1;
        }
        else if (input == 'w')
        {
            canvas[position_x][position_y] = 0;
            position_x--;                       // 位置上移
            canvas[position_x][position_y] = 1;
        }
        else if (input == 's')
        {
            canvas[position_x][position_y] = 0;
            position_x++;                       // 位置下移
            canvas[position_x][position_y] = 1;
        }
        else if (input == ' ')                  // 发射子弹
        {
            int left = position_y - BulletWidth;
            int right = position_y + BulletWidth;
            if (left < 0)
                left = 0;
            if (right > Width-1)
                right = Width-1;
            int k;
            for (k = left;k <= right;k++)       // 发射子弹
                canvas[position_x-1][k] = 2;    // 发射子弹的初始位置在飞机的正上方
        }
    }
}
```

```
int main()
{
    startup();                          // 数据的初始化
    while (1)                           // 游戏循环执行
    {
        show();                         // 显示画面
        updateWithoutInput();           // 与用户输入无关的更新
        updateWithInput();              // 与用户输入有关的更新
    }
    return 0;
}
```

3.3.6　小结

本节的空战游戏是不是更有趣了？大家实现这个接近 200 行代码的程序会较好地掌握语法知识、锻炼逻辑思维。

思考题：

1. 增加敌机 boss，其形状更大、血量更多。
2. 尝试让游戏更有趣，敌机也发射子弹。

3.4　贪　吃　蛇

本节实现一个经典的小游戏——贪吃蛇，如图 3-11 所示。读者可以先自己尝试，主要难点是小蛇数据如何存储、如何实现转弯的效果、吃到食物后如何增加长度。本节游戏的最终代码参看"\随书资源\第 3 章\ 3.4 贪吃蛇.cpp"。

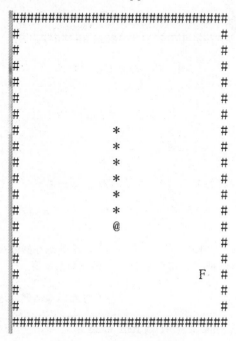

图 3-11　贪吃蛇游戏效果

3.4.1 构造小蛇

第一节在画面中显示一条静止的小蛇,如图 3-12 所示。对于二维数组 canvas[High][Width]的对应元素,值为 0 输出空格,值为−1 输出边框♯,值为 1 输出蛇头@,值为大于 1 的正数输出蛇身 ∗ 。在 startup()函数中初始化蛇头在画布的中间位置(canvas[High/2][Width/2] = 1;),蛇头向左依次生成 4 个蛇身(for(i=1;i<=4;i++) canvas[High/2][Width/2-i] = i+1;),元素值分别为 2、3、4、5。

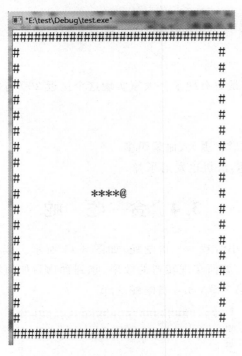

图 3-12 静止的小蛇效果

```
# include < stdio. h >
# include < stdlib. h >
# include < conio. h >
# include < windows. h >

# define High 20                          // 游戏画面尺寸
# define Width 30

// 全局变量
int canvas[High][Width] = {0};            // 二维数组存储游戏画布中对应的元素
    // 0 为空格,−1 为边框♯,1 为蛇头@,大于 1 的正数为蛇身 ∗

void gotoxy( int x, int y)                 // 将光标移动到(x,y)位置
{
    HANDLE handle = GetStdHandle(STD_OUTPUT_HANDLE);
    COORD pos;
```

```
    pos.X = x;
    pos.Y = y;
    SetConsoleCursorPosition(handle,pos);
}

void startup()                              // 数据的初始化
{
    int i,j;

    // 初始化边框
    for (i = 0;i < High;i++)
    {
        canvas[i][0] = -1;
        canvas[i][Width-1] = -1;
    }
    for (j = 0;j < Width;j++)
    {
        canvas[0][j] = -1;
        canvas[High-1][j] = -1;
    }

    // 初始化蛇头位置
    canvas[High/2][Width/2] = 1;
    // 初始化蛇身,画布中的元素值分别为 2、3、4、5 等
    for (i = 1;i <= 4;i++)
        canvas[High/2][Width/2 - i] = i+1;
}

void show()                                 // 显示画面
{
    gotoxy(0,0);                            // 光标移动到原点位置,以下重画清屏
    int i,j;
    for (i = 0;i < High;i++)
    {
        for (j = 0;j < Width;j++)
        {
            if (canvas[i][j] == 0)
                printf(" ");                // 输出空格
            else if (canvas[i][j] == -1)
                printf("#");                // 输出边框 #
            else if (canvas[i][j] == 1)
                printf("@");                // 输出蛇头 @
            else if (canvas[i][j]>1)
                printf("*");                // 输出蛇身 *
        }
        printf("\n");
    }
}

void updateWithoutInput()                   // 与用户输入无关的更新
{
```

```
}

void updateWithInput()                  // 与用户输入有关的更新
{
}

int main()
{
    startup();                          // 数据的初始化
    while (1)                           // 游戏循环执行
    {
        show();                         // 显示画面
        updateWithoutInput();           // 与用户输入无关的更新
        updateWithInput();              // 与用户输入有关的更新
    }
    return 0;
}
```

3.4.2 小蛇的移动

实现小蛇的移动是贪吃蛇游戏的难点。图 3-13 列出了小蛇分别向右、向上运动后对应二维数组元素值的变化，从中我们可以得出实现思路。

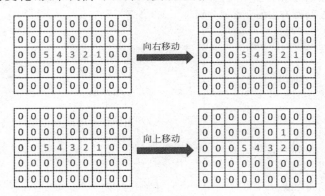

图 3-13 小蛇移动前后的效果

假设小蛇元素为 54321，其中 1 为蛇头、5432 为蛇身、最大值 5 为蛇尾。首先将所有大于 0 的元素加 1，得到 65432；将最大值 6 变为 0，即去除原来的蛇尾；再根据对应的移动方向将 2 对应方向的元素由 0 变成 1；如此即实现了小蛇的移动。小蛇向上移动的对应流程如图 3-14 所示。

本游戏的第二步为定义变量 int moveDirection 表示小蛇的移动方向，值为 1、2、3、4 分别表示小蛇向上、下、左、右方向移动，小蛇的移动在 moveSnakeByDirection() 函数中实现。

```
# include < stdio. h >
# include < stdlib. h >
# include < conio. h >
# include < windows. h >
```

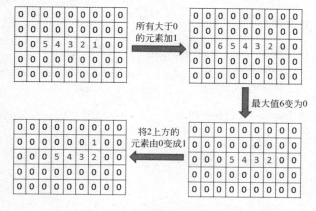

图 3-14　小蛇向上移动的流程

```
#define High 20                        // 游戏画面尺寸
#define Width 30

// 全局变量
int moveDirection;                     // 小蛇移动的方向,上、下、左、右分别用 1、2、3、4 表示
int canvas[High][Width] = {0};         // 二维数组存储游戏画布中对应的元素
                // 0 为空格 0,-1 为边框#,1 为蛇头@,大于 1 的正数为蛇身*

void gotoxy(int x, int y)              // 将光标移动到(x,y)位置
{
    HANDLE handle = GetStdHandle(STD_OUTPUT_HANDLE);
    COORD pos;
    pos.X = x;
    pos.Y = y;
    SetConsoleCursorPosition(handle, pos);
}


// 移动小蛇
// 第一步扫描数组 canvas 的所有元素,找到正数元素都加 1
// 找到最大元素(即蛇尾巴),把其变为 0
// 找到等于 2 的元素(即蛇头),根据输出的上下左右方向把对应的另一个像素值设为 1(新蛇头)
void moveSnakeByDirection()
{
    int i, j;
    for (i = 1; i < High - 1; i++)
        for (j = 1; j < Width - 1; j++)
            if (canvas[i][j] > 0)
                canvas[i][j]++;

    int oldTail_i, oldTail_j, oldHead_i, oldHead_j;
    int max = 0;

    for (i = 1; i < High - 1; i++)
        for (j = 1; j < Width - 1; j++)
            if (canvas[i][j] > 0)
```

```
            {
                if (max < canvas[i][j])
                {
                    max = canvas[i][j];
                    oldTail_i = i;
                    oldTail_j = j;
                }
                if (canvas[i][j] == 2)
                {
                    oldHead_i = i;
                    oldHead_j = j;
                }
            }

    canvas[oldTail_i][oldTail_j] = 0;

    if (moveDirection == 1)              // 向上移动
        canvas[oldHead_i - 1][oldHead_j] = 1;
    if (moveDirection == 2)              // 向下移动
        canvas[oldHead_i + 1][oldHead_j] = 1;
    if (moveDirection == 3)              // 向左移动
        canvas[oldHead_i][oldHead_j - 1] = 1;
    if (moveDirection == 4)              // 向右移动
        canvas[oldHead_i][oldHead_j + 1] = 1;
}


void startup()                          // 数据的初始化
{
    int i, j;

    // 初始化边框
    for (i = 0; i < High; i++)
    {
        canvas[i][0] = -1;
        canvas[i][Width - 1] = -1;
    }
    for (j = 0; j < Width; j++)
    {
        canvas[0][j] = -1;
        canvas[High - 1][j] = -1;
    }

    // 初始化蛇头位置
    canvas[High/2][Width/2] = 1;
    // 初始化蛇身,画布中的元素值分别为 2、3、4、5 等
    for (i = 1; i <= 4; i++)
        canvas[High/2][Width/2 - i] = i + 1;

    // 初始小蛇向右移动
    moveDirection = 4;
}
```

```c
void show()                        // 显示画面
{
    gotoxy(0,0);                   // 光标移动到原点位置,以下重画清屏
    int i,j;
    for (i = 0;i < High;i++)
    {
        for (j = 0;j < Width;j++)
        {
            if (canvas[i][j] == 0)
                printf(" ");        // 输出空格
            else if (canvas[i][j] == -1)
                printf("#");        // 输出边框#
            else if (canvas[i][j] == 1)
                printf("@");        // 输出蛇头@
            else if (canvas[i][j]>1)
                printf("*");        // 输出蛇身*
        }
        printf("\n");
    }
    Sleep(100);
}

void updateWithoutInput()          // 与用户输入无关的更新
{
    moveSnakeByDirection();
}

void updateWithInput()             // 与用户输入有关的更新
{
}

int main()
{
    startup();                     // 数据的初始化
    while (1)                      // 游戏循环执行
    {
        show();                    // 显示画面
        updateWithoutInput();      // 与用户输入无关的更新
        updateWithInput();         // 与用户输入有关的更新
    }
    return 0;
}
```

3.4.3　玩家控制小蛇移动

第三步的实现比较简单,在 updateWithInput()函数中按 a、s、d、w 键改变 moveDirection 的值,然后调用 moveSnakeByDirection()实现小蛇向不同方向的移动,如图 3-15 所示。

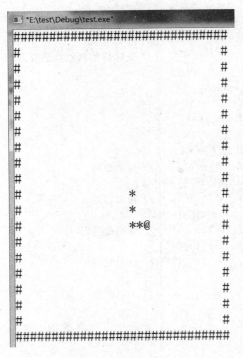

图 3-15　小蛇移动的效果

```c
void updateWithInput()                    // 与用户输入有关的更新
{
    char input;
    if(kbhit())                           // 判断是否有输入
    {
        input = getch();                  // 根据用户的不同输入来移动,不必输入回车
        if (input == 'a')
        {
            moveDirection = 3;     // 位置左移
            moveSnakeByDirection();
        }
        else if (input == 'd')
        {
            moveDirection = 4;     // 位置右移
            moveSnakeByDirection();
        }
        else if (input == 'w')
        {
            moveDirection = 1;     // 位置上移
            moveSnakeByDirection();
        }
        else if (input == 's')
        {
            moveDirection = 2;     // 位置下移
```

```
            moveSnakeByDirection();
        }
    }
}
```

3.4.4　判断游戏失败

第四步判断游戏失败，当小蛇和边框或自身发生碰撞时游戏失败，如图 3-16 所示。

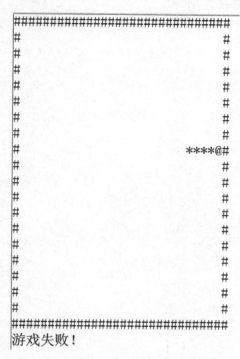

图 3-16　游戏失败效果

```
void moveSnakeByDirection()
{
    int i,j;
    for (i = 1;i < High - 1;i++)
        for (j = 1;j < Width - 1;j++)
            if (canvas[i][j] > 0)
                canvas[i][j]++;
    int oldTail_i,oldTail_j,oldHead_i,oldHead_j;
    int max = 0;
    for (i = 1;i < High - 1;i++)
        for (j = 1;j < Width - 1;j++)
            if (canvas[i][j] > 0)
            {
                if (max < canvas[i][j])
                {
                    max = canvas[i][j];
                    oldTail_i = i;
```

```
                          oldTail_j = j;
                      }
                      if (canvas[i][j] == 2)
                      {
                          oldHead_i = i;
                          oldHead_j = j;
                      }
              }
      canvas[oldTail_i][oldTail_j] = 0;
      int newHead_i,newHead_j;
      if (moveDirection == 1)              // 向上移动
      {
          newHead_i = oldHead_i - 1;
          newHead_j = oldHead_j;
      }
      if (moveDirection == 2)              // 向下移动
      {
          newHead_i = oldHead_i + 1;
          newHead_j = oldHead_j;
      }
      if (moveDirection == 3)              // 向左移动
      {
          newHead_i = oldHead_i;
          newHead_j = oldHead_j - 1;
      }
      if (moveDirection == 4)              // 向右移动
      {
          newHead_i = oldHead_i;
          newHead_j = oldHead_j + 1;
      }

      // 小蛇是否和自身撞或者和边框撞,游戏失败
      if (canvas[newHead_i][newHead_j] > 0 || canvas[newHead_i][newHead_j] == - 1)
      {
          printf("游戏失败!\n");
          exit(0);
      }
      else
          canvas[newHead_i][newHead_j] = 1;
  }
```

3.4.5   吃食物增加长度

第五步实现吃食物增加长度的功能,当二维数组 canvas[High][Width]的元素值为－2时输出食物数值'F',如图 3-17 所示。当蛇头碰到食物时长度加 1。

其实现思路和 3.4.2 节中小蛇的移动类似,只需保持原蛇尾,不将最大值变为 0 即可。图 3-18 所示为小蛇向上移动吃到食物的对应流程。

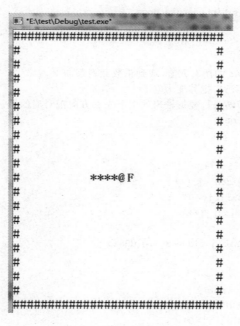

图 3-17　增加食物效果

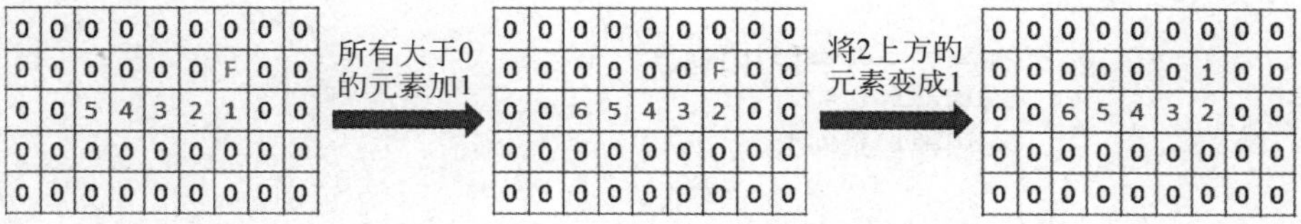

图 3-18　小蛇向上移动吃到食物的对应流程

```
# include < stdio.h >
# include < stdlib.h >
# include < conio.h >
# include < windows.h >

# define High 20                    // 游戏画面尺寸
# define Width 30

// 全局变量
int moveDirection;                   // 小蛇移动位置,上下左右分别用1、2、3、4 表示
int food_x, food_y;                  // 食物的位置
int canvas[High][Width] = {0};       // 二维数组存储游戏画布中对应的元素
    // 0 为空格 0,-1 为边框♯,-2 为食物 F,1 为蛇头@,大于 1 的正数为蛇身 *

void gotoxy(int x, int y)            // 将光标移动到(x,y)位置
{
    HANDLE handle = GetStdHandle(STD_OUTPUT_HANDLE);
    COORD pos;
    pos.X = x;
    pos.Y = y;
```

```
        SetConsoleCursorPosition(handle,pos);
}


// 移动小蛇
// 第一步扫描数组 canvas 的所有元素,找到正数元素都加 1
// 找到最大元素(即蛇尾巴),把其变为 0
// 找到等于 2 的元素(即蛇头),根据输出的上下左右方向把对应的另一个像素值设为 1(新蛇头)
void moveSnakeByDirection()
{
    int i,j;
    for (i = 1;i < High - 1;i++)
        for (j = 1;j < Width - 1;j++)
            if (canvas[i][j]>0)
                canvas[i][j]++;


    int oldTail_i,oldTail_j,oldHead_i,oldHead_j;
    int max = 0;

    for (i = 1;i < High - 1;i++)
        for (j = 1;j < Width - 1;j++)
            if (canvas[i][j]> 0)
            {
                if (max < canvas[i][j])
                {
                    max = canvas[i][j];
                    oldTail_i = i;
                    oldTail_j = j;
                }
                if (canvas[i][j] == 2)
                {
                    oldHead_i = i;
                    oldHead_j = j;
                }
            }


    int newHead_i,newHead_j;

    if (moveDirection == 1)              // 向上移动
    {
        newHead_i = oldHead_i - 1;
        newHead_j = oldHead_j;
    }
    if (moveDirection == 2)              // 向下移动
    {
        newHead_i = oldHead_i + 1;
        newHead_j = oldHead_j;
    }
    if (moveDirection == 3)              // 向左移动
    {
        newHead_i = oldHead_i;
        newHead_j = oldHead_j - 1;
```

```
    }
    if (moveDirection == 4)                // 向右移动
    {
        newHead_i = oldHead_i;
        newHead_j = oldHead_j + 1;
    }


    // 如果新蛇头吃到食物
    if (canvas[newHead_i][newHead_j] == -2)
    {
        canvas[food_x][food_y] = 0;
        // 产生一个新的食物
        food_x = rand() % (High - 5) + 2;
        food_y = rand() % (Width - 5) + 2;
        canvas[food_x][food_y] = -2;

        // 原来的旧蛇尾留着,长度自动加 1
    }
    else                                   // 否则,原来的旧蛇尾减掉,保持长度不变
        canvas[oldTail_i][oldTail_j] = 0;

    // 小蛇是否和自身撞或者和边框撞,游戏失败
    if (canvas[newHead_i][newHead_j] > 0 || canvas[newHead_i][newHead_j] == -1)
    {
        printf("游戏失败!\n");
        Sleep(2000);
        system("pause");
        exit(0);
    }
    else
        canvas[newHead_i][newHead_j] = 1;
}


void startup()                             // 数据的初始化
{
    int i,j;

    // 初始化边框
    for (i = 0;i < High;i++)
    {
        canvas[i][0] = -1;
        canvas[i][Width - 1] = -1;
    }
    for (j = 0;j < Width;j++)
    {
        canvas[0][j] = -1;
        canvas[High - 1][j] = -1;
    }

    // 初始化蛇头位置
    canvas[High/2][Width/2] = 1;
```

```c
// 初始化蛇身,画布中的元素值分别为 2、3、4、5 等
for (i = 1; i <= 4; i++)
    canvas[High/2][Width/2 - i] = i + 1;


// 初始小蛇向右移动
moveDirection = 4;


food_x = rand() % (High - 5) + 2;
food_y = rand() % (Width - 5) + 2;
canvas[food_x][food_y] = -2;
}


void show()                        // 显示画面
{
    gotoxy(0,0);                    // 光标移动到原点位置,以下重画清屏
    int i,j;
    for (i = 0; i < High; i++)
    {
        for (j = 0; j < Width; j++)
        {
            if (canvas[i][j] == 0)
                printf(" ");        // 输出空格
            else if (canvas[i][j] == -1)
                printf("#");        // 输出边框#
            else if (canvas[i][j] == 1)
                printf("@");        // 输出蛇头@
            else if (canvas[i][j] > 1)
                printf("*");        // 输出蛇身*
            else if (canvas[i][j] == -2)
                printf("F");        // 输出食物F
        }
        printf("\n");
    }
    Sleep(100);
}


void updateWithoutInput()          // 与用户输入无关的更新
{
    moveSnakeByDirection();
}


void updateWithInput()             // 与用户输入有关的更新
{
    char input;
    if(kbhit())                     // 判断是否有输入
    {
        input = getch();            // 根据用户的不同输入来移动,不必输入回车
        if (input == 'a')
        {
            moveDirection = 3;      // 位置左移
            moveSnakeByDirection();
```

```
        }
        else if (input == 'd')
        {
            moveDirection = 4;        // 位置右移
            moveSnakeByDirection();
        }
        else if (input == 'w')
        {
            moveDirection = 1;        // 位置上移
            moveSnakeByDirection();
        }
        else if (input == 's')
        {
            moveDirection = 2;        // 位置下移
            moveSnakeByDirection();
        }
    }
}

int main()
{
    startup();                        // 数据的初始化
    while (1)                         // 游戏循环执行
    {
        show();                       // 显示画面
        updateWithoutInput();         // 与用户输入无关的更新
        updateWithInput();            // 与用户输入有关的更新
    }
    return 0;
}
```

3.4.6　小结

本节用 C 语言实现了经典的贪吃蛇游戏,大家是不是很有成就感?

思考题:

1. 增加道具,吃完可以加命或减速。

2. 尝试实现双人版贪吃蛇游戏(可参考 5.4 节中内容)。

3.5　版本管理与团队协作

在实现复杂的游戏程序时往往需要开发多个版本,比如 3.4 节中的贪吃蛇需要 5 个步骤逐步完善。随着程序越来越复杂,多个版本代码的保存、比较、回溯、修改是开发中不可缺少的功能。另外,复杂的游戏可以由两三名同学合作开发,如何实现高效的多人协作将是迫切需要解决的问题。

3.5.1　SVN 简介

Subversion(SVN)是一个常用的代码版本管理软件,可以选择 VisualSVN Server 服务器和 TortoiseSVN 客户端搭配使用。VisualSVN 的官方下载地址为"http：//subversion. apache. org/packages. html"，TortoiseSVN 客户端的官方下载地址为"http：//tortoisesvn. net/downloads. html"。对于 SVN 的安装与配置可以查看官网中的帮助，或在线搜索相应教程。

配置完成后，可以在 VisualSVN 服务器中建立账号，创建代码仓库。利用 TortoiseSVN 客户端可以在本地计算机下载服务器上最新版本的代码，如图 3-19 所示。

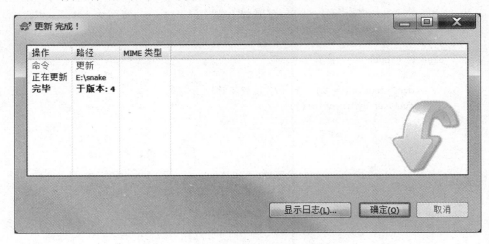

图 3-19　TortoiseSVN 更新代码版本

在本地修改代码后可以用 TortoiseSVN 提交最新代码，VisualSVN 服务器会自动更新，如图 3-20 所示。

图 3-20　TortoiseSVN 提交最新代码

用户也可以查看日志，能够看到实现对应版本代码的用户账号、修改时间、备注等信息，也可以随时切换到任一版本的代码，如图 3-21 所示。

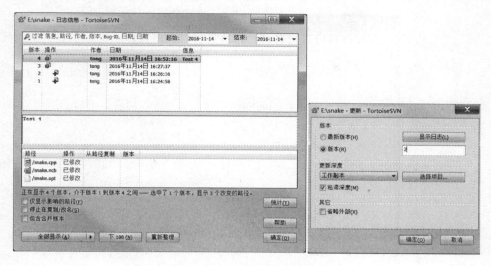

图 3-21　查看日志与切换版本

使用 SVN 可以方便地比较不同版本代码之间的差别，图 3-22 中的阴影部分为当前版本修改的代码。

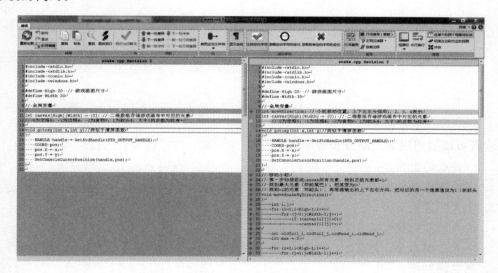

图 3-22　比较不同版本代码间的差别

用户也可以在 SVN 中分配多个账号，以方便团队协作开发，例如多人修改与更新、查看不同作者的工作进度、合并多人修改的代码等。在具体配置时可以使用同一网段的计算机搭建内网服务器，也可以采用阿里云、腾讯云等搭建外网 SVN 服务器。

3.5.2　开发实践

本节尝试开发一个勇闯地下 100 层的小游戏，并用 SVN 进行版本管理，如图 3-23 所示。小人'0'可以站在板'----'上左右移动,板会随机出现且一直上升,如果小人掉落到最下方或碰到最上方,游戏失败。

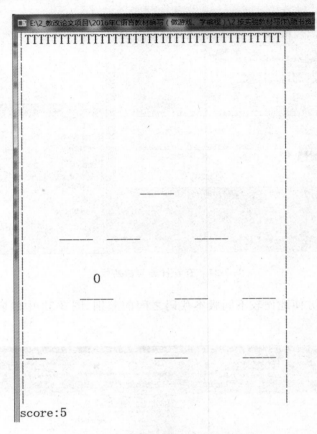

图 3-23　勇闯地下 100 层游戏效果

读者可以按照以下思路分步骤实现:

1. 一块板的上升。
2. 多块随机板的上升。
3. 小人随着板上升。
4. 小人的左右移动。
5. 小人的重力感下落。
6. 死亡的判断。
7. 记录分数。
8. 随着分数增加难度上升。

其代码可参考"\随书资源\第 3 章\3.5 勇闯地下 100 层\"。

3.5.3　小结

用好 SVN 可以方便地进行代码的版本管理与团队协作,读者可以在游戏开发中实践体会。初学者也可以使用码云等在线代码托管平台。

## 第 4 章

简单绘图游戏开发

基础 C 语言的可视化与交互功能较弱,printf 输出效果太简单,没有绘图、显示图片等功能;只有键盘交互,没有鼠标交互。本章学习 EasyX 插件,快速上手简易绘图游戏的开发。

4.1　EasyX 快速入门

4.1.1　EasyX 的介绍与安装

EasyX 是一套简单、易用的图形交互库,以教育为目的的应用可以免费使用,最新版本可从官方网站下载(http://www.easyx.cn/downloads/)。官网还提供了在 VC6 和 Visual C++ 2008 下使用 EasyX 创建工程的视频教程(http://www.easyx.cn/news/View.aspx? id=65、http://www.easyx.cn/news/View.aspx? id=85)。

安装成功后运行以下代码画一个实心圆,如图 4-1 所示。

图 4-1　画实心圆效果

```
# include < graphics. h >        // 引用 EasyX 图形库
# include < conio. h >
int main()
{
    initgraph(640, 480);          // 初始化 640×480 的画布
    setcolor(YELLOW);             // 圆的线条为黄色
    setfillcolor(GREEN);          // 圆内以绿色填充
```

```
fillcircle(100, 100, 20);        // 画圆,圆心为(100, 100),半径为 20
getch();                         // 按任意键继续
closegraph();                    // 关闭图形界面
return 0;
}
```

读者可以根据上面代码中的注释尝试更改圆的圆心位置、半径大小、颜色等。

EasyX 官网还提供了一套非常好的入门教程,以下是教程目录,大家可以在线学习(http://www.easyx.cn/skills/View.aspx? id=45)。

1. 创建新项目。
2. 简单绘图,学习单步执行。
3. 熟悉更多的绘图语句。
4. 结合流程控制语句来绘图。
5. 数学知识在绘图中的运用。
6. 实现简单动画。
7. 捕获按键,实现动画的简单控制。
8. 用函数简化相同图案的制作。
9. 绘图中的位运算。
10. 用鼠标控制绘图/游戏程序。
11. 随机函数。
12. 数组。
13. getimage/putimage/loadimag/saveimage/IMAGE 的用法。
14. 通过位运算实现颜色的分离与处理。
15. 窗体句柄(Windows 编程入门)。
16. 设备上下文句柄(Windows 编程入门 2)。

本章在官网教程的基础上进行了优化,更易上手且紧密结合游戏案例的开发。书中部分案例也借鉴了 EasyX 官网,做了相应的改进,以便于初学者学习。

4.1.2　简易绘图

EasyX 提供了很多绘图函数,例如:

```
line(x1, y1, x2, y2);            // 画直线,(x1,y1)、(x2,y2)为直线的两个端点的坐标
circle(x, y, r);                 // 画圆,圆心为(x,y),半径为 r
putpixel(x, y, c);               // 画点(x,y),像素的颜色为 c
solidrectangle(x1, y1, x2, y2);  // 画填充矩形,(x1,y1)、(x2,y2)为左上角、右下角的坐标。
```

另外还有画椭圆、圆弧、多边形等功能,可以查阅 EasyX 安装目录下的帮助文件(EasyX_Help.chm\函数说明\图形绘制相关函数\)。

EasyX 也可以设定绘制颜色,例如:

```
setlinecolor(c);                 // 设置线条颜色
setfillcolor(c);                 // 设置填充颜色
setbkcolor(c);                   // 设置背景颜色
setcolor(c);                     // 设置前景颜色
```

常用的颜色常量有 BLACK、WHITE、BLUE、GREEN、RED、BROWN、YELLOW 等，也可以通过设定 RGB 三原色的值进行更多颜色的设定，形式为 RGB(r，g，b)。其中 r、g、b 分别表示红色、绿色、蓝色，范围都是 0～255，例如 RGB(255，255，255)表示白色、RGB(255,0,0)表示纯红色、RGB(255，255，0)表示黄色。

画两条红色浓度为 200 的直线可以写为：

```
setlinecolor(RGB(200, 0, 0));
line(0, 100, 640, 100);
line(0, 150, 640, 150);
```

下面利用循环语句画 10 条平行直线，如图 4-2 所示。

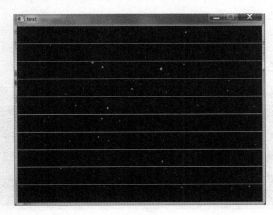

图 4-2　画 10 条平行直线

```
# include < graphics. h >
# include < conio. h >
int main()
{
    initgraph(640, 480);
    for( int y = 0; y < = 480; y = y + 48)
        line(0, y, 640, y);
    getch();
    closegraph();
    return 0;
}
```

用户也可以将颜色变量循环改变，画出多条颜色渐变的直线，如图 4-3 所示。

图 4-3　画多条颜色渐变的直线

```
# include < graphics. h >
# include < conio. h >
int main()
{
    initgraph(640, 256);
    for(int y = 0; y < 256; y++)
    {
        setcolor(RGB(0,0,y));
        line(0, y, 640, y);
    }
    getch();
    closegraph();
    return 0;
}
```

接着实现红色、蓝色交替画线,如图 4-4 所示。

图 4-4　实现红色、蓝色交替画线

```
# include < graphics. h >
# include < conio. h >
int main()
{
    initgraph(640, 200);
    for(int y = 0; y <= 200; y = y + 5)
    {
        if ( y/5 % 2 == 1)           // 判断奇数行、偶数行
            setcolor(RGB(255,0,0));
        else
            setcolor(RGB(0,0,255));
        line(0, y, 640, y);
    }
    getch();
    closegraph();
    return 0;
}
```

读者可以尝试用 EasyX 绘制围棋棋盘、国际象棋棋盘,如图 4-5 所示,还可以在其基础上开发棋类游戏。

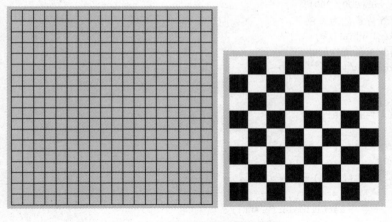

图 4-5 绘制围棋、国际象棋棋盘

```
// 绘制围棋棋盘的参考代码
# include < graphics. h >
# include < conio. h >
int main()
{
    int step = 30;
    // 初始化绘图窗口
    initgraph(600, 600);
    // 设置背景色为黄色
    setbkcolor(YELLOW);
    // 用背景色清空屏幕
    cleardevice();

    setlinestyle(PS_SOLID, 2);        // 画实线,宽度为两个像素
    setcolor(RGB(0,0,0));             // 设置为黑色

    int i;
    for(i = 1; i <= 19; i++)          // 画横线和竖线
    {
        line(i * step, 1 * step, i * step, 19 * step);
        line(1 * step, i * step, 19 * step, i * step);
    }
    getch();
    closegraph();
    return 0;
}

// 绘制国际象棋棋盘的参考代码
# include < graphics. h >
# include < conio. h >
int main()
{
    int step = 50;
    // 初始化绘图窗口
```

```
initgraph(500, 500);
// 设置背景色为黄色
setbkcolor(YELLOW);
// 用背景色清空屏幕
cleardevice();

int i,j;
for(i = 1;i < = 8;i++)
{
    for(j = 1;j < = 8;j++)
    {
        if ((i + j) % 2 == 1)
        {
            setfillcolor(BLACK);
            solidrectangle(i * step,j * step,(i + 1) * step,(j + 1) * step);    // 绘制黑色砖块
        }
        else
        {
            setfillcolor(WHITE);
            solidrectangle(i * step,j * step,(i + 1) * step,(j + 1) * step);    // 绘制白色砖块
        }
    }
}
getch();
closegraph();
return 0;
}
```

4.1.3 简单动画

和之前用 printf 函数实现动画的思路一致,用 EasyX 实现动画一般需要绘制新图形、延时、清除旧图形 3 个步骤。首先实现小球向右移动的动画效果,如图 4-6 所示。由于画面默认背景为黑色,因此在原位置上绘制黑色的圆就会清除旧图形。

图 4-6 小球移动效果

```cpp
# include < graphics. h >
# include < conio. h >
int main()
{
    initgraph(640, 480);
    for( int x = 100; x < 540; x += 20)
    {
        // 绘制黄线、绿色填充的圆
        setcolor(YELLOW);
        setfillcolor(GREEN);
        fillcircle(x, 100, 20);
        // 延时
        Sleep(200);
        // 绘制黑线、黑色填充的圆
        setcolor(BLACK);
        setfillcolor(BLACK);
        fillcircle(x, 100, 20);
    }
    closegraph();
    return 0;
}
```

下面用 EasyX 实现一个简易的反弹球动画。

```cpp
# include < graphics. h >
# include < conio. h >
# define High 480                 // 游戏画面尺寸
# define Width 640

int main()
{
    float ball_x,ball_y;          // 小球的坐标
    float ball_vx,ball_vy;        // 小球的速度
    float radius;                 // 小球的半径

    initgraph(Width, High);
    ball_x = Width/2;
    ball_y = High/2;
    ball_vx = 1;
    ball_vy = 1;
    radius = 20;

    while (1)
    {
        // 绘制黑线、黑色填充的圆
        setcolor(BLACK);
        setfillcolor(BLACK);
        fillcircle(ball_x, ball_y, radius);

        // 更新小圆的坐标
        ball_x = ball_x + ball_vx;
```

```
        ball_y = ball_y + ball_vy;

        if ((ball_x <= radius)||(ball_x >= Width - radius))
            ball_vx = - ball_vx;
        if ((ball_y <= radius)||(ball_y >= High - radius))
            ball_vy = - ball_vy;

        // 绘制黄线、绿色填充的圆
        setcolor(YELLOW);
        setfillcolor(GREEN);
        fillcircle(ball_x, ball_y, radius);
        // 延时
        Sleep(3);
    }
    closegraph();
    return 0;
}
```

Sleep()函数的延时越小,动画效果越细腻,但会出现明显的画面闪烁,这时需要借助批量绘图函数 BeginBatchDraw()、FlushBatchDraw()、EndBatchDraw()。

BeginBatchDraw()用于开始批量绘图,执行后任何绘图操作都将暂时不输出到屏幕上,直到执行 FlushBatchDraw()或 EndBatchDraw()才将之前的绘图输出;FlushBatchDraw()用于执行未完成的绘制任务,执行批量绘制;EndBatchDraw()用于结束批量绘制,并执行未完成的绘制任务。以下为改进的反弹球动画的代码。

```
# include < graphics.h >
# include < conio.h >
# define High 480                    // 游戏画面尺寸
# define Width 640

int main()
{
    float ball_x, ball_y;            // 小球的坐标
    float ball_vx, ball_vy;          // 小球的速度
    float radius;                    // 小球的半径

    initgraph(Width, High);
    ball_x = Width/2;
    ball_y = High/2;
    ball_vx = 1;
    ball_vy = 1;
    radius = 20;

    BeginBatchDraw();
    while (1)
    {
        // 绘制黑线、黑色填充的圆
        setcolor(BLACK);
        setfillcolor(BLACK);
        fillcircle(ball_x, ball_y, radius);
```

```
    // 更新小圆的坐标
    ball_x = ball_x + ball_vx;
    ball_y = ball_y + ball_vy;

    if ((ball_x <= radius)||(ball_x >= Width - radius))
        ball_vx = - ball_vx;
    if ((ball_y <= radius)||(ball_y >= High - radius))
        ball_vy = - ball_vy;

    // 绘制黄线、绿色填充的圆
    setcolor(YELLOW);
    setfillcolor(GREEN);
    fillcircle(ball_x, ball_y, radius);

    FlushBatchDraw();

    // 延时
    Sleep(3);
    }
    EndBatchDraw();
    closegraph();
    return 0;
}
```

4.1.4　小结

EasyX 的上手是不是很简单，绘制的图形也比 printf 输出的字符有意思多了。大家遇到问题可以先查看安装目录下的帮助文件 EasyX_Help.chm，也可以通过 EasyX 官网、百度贴吧、QQ 群进行交流。

4.2　多 球 反 弹

本节通过实现多球反弹的小程序进一步熟悉 EasyX 的使用，效果如图 4-7 所示。本节游戏的最终代码参看"\随书资源\第 4 章\ 4.2 反弹球.cpp"。

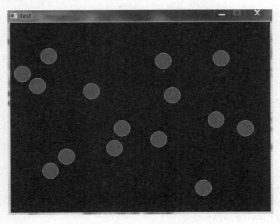

图 4-7　多球反弹效果

4.2.1　多个反弹球和墙壁碰撞

第一步利用数组存储多个小球的速度和坐标,利用循环语句实现多个小球和墙壁间的碰撞反弹,如图 4-8 所示。

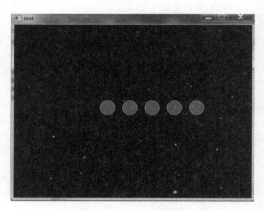

图 4-8　多个小球和墙壁间的碰撞反弹效果

```c
# include <graphics.h>
# include <conio.h>
# define High 480                      // 游戏画面尺寸
# define Width 640
# define BallNum 5                      // 小球的个数

int main()
{
    float ball_x[BallNum],ball_y[BallNum];    // 小球的坐标
    float ball_vx[BallNum],ball_vy[BallNum];   // 小球的速度
    float radius;                       // 小球的半径
    int i;
    radius = 20;

    for (i = 0;i < BallNum;i++)
    {
        ball_x[i] = (i + 2) * radius * 3;
        ball_y[i] = High/2;
        ball_vx[i] = 1;
        ball_vy[i] = 1;
    }

    initgraph(Width, High);
    BeginBatchDraw();

    while (1)
    {
        // 绘制黑线、黑色填充的圆
        setcolor(BLACK);
        setfillcolor(BLACK);
        for (i = 0;i < BallNum;i++)
            fillcircle(ball_x[i], ball_y[i], radius);
```

```
// 更新小圆的坐标
for (i = 0;i < BallNum;i++)
{
    ball_x[i] = ball_x[i] + ball_vx[i];
    ball_y[i] = ball_y[i] + ball_vy[i];
}

// 判断是否和墙壁碰撞
for (i = 0;i < BallNum;i++)
{
    if ((ball_x[i]< = radius)||(ball_x[i]> = Width - radius))
        ball_vx[i] =  - ball_vx[i];
    if ((ball_y[i]< = radius)||(ball_y[i]> = High - radius))
        ball_vy[i] =  - ball_vy[i];
}

// 绘制黄线、绿色填充的圆
setcolor(YELLOW);
setfillcolor(GREEN);
for (i = 0;i < BallNum;i++)
    fillcircle(ball_x[i], ball_y[i], radius);

FlushBatchDraw();

// 延时
Sleep(3);
}
EndBatchDraw();
closegraph();
return 0;
}
```

4.2.2 反弹球之间相互碰撞

第二步加入反弹球之间的相互碰撞,如图 4-9 所示。为了简化处理,假设同一时刻某个小球最多和另一个小球发生碰撞;碰撞为理想的完全弹性碰撞,两球碰撞后交换速度。

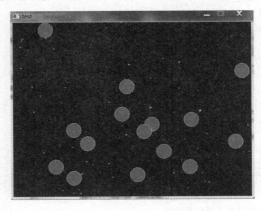

图 4-9 增加反弹球间的相互碰撞效果

在具体实现时定义数组 float minDistances2[BallNum][2]，其中 minDistances2$[i]$[1] 记录距小球 i 最近的小球的下标、minDistances2$[i]$[0] 记录小球 i 和其最近小球的距离的平方。对所有小球两两遍历计算数组 minDistances2，如果一对小球间的距离小于阈值，则认为发生碰撞，交换这两个小球的速度。

```c
# include <graphics.h>
# include <conio.h>
# include <math.h>
# define High 480                           // 游戏画面尺寸
# define Width 640
# define BallNum 15                         // 小球的个数

int main()
{
    float ball_x[BallNum],ball_y[BallNum];  // 小球的坐标
    float ball_vx[BallNum],ball_vy[BallNum]; // 小球的速度
    float radius;                           // 小球的半径
    int i,j;

    radius = 20;

    for (i = 0;i < BallNum;i++)
    {
        ball_x[i] = rand() % int(Width - 4 * radius) + 2 * radius;
        ball_y[i] = rand() % int(High - 4 * radius) + 2 * radius;
        ball_vx[i] = (rand() % 2) * 2 - 1;
        ball_vy[i] = (rand() % 2) * 2 - 1;
    }

    initgraph(Width, High);
    BeginBatchDraw();

    while (1)
    {
        // 绘制黑线、黑色填充的圆
        setcolor(BLACK);
        setfillcolor(BLACK);
        for (i = 0;i < BallNum;i++)
            fillcircle(ball_x[i], ball_y[i], radius);

        // 更新小圆的坐标
        for (i = 0;i < BallNum;i++)
        {
            ball_x[i] = ball_x[i] + ball_vx[i];
            ball_y[i] = ball_y[i] + ball_vy[i];

            // 把超出边界的小球拉回来
            if (ball_x[i] < radius)
                ball_x[i] = radius;
            if (ball_y[i] < radius)
                ball_y[i] = radius;
            if (ball_x[i] > Width - radius)
```

```
            ball_x[i] = Width - radius;
        if (ball_y[i]> High - radius)
            ball_y[i] = High - radius;
}

// 判断是否和墙壁碰撞
for (i = 0; i < BallNum; i++)
{
    if ((ball_x[i]< = radius)||(ball_x[i]> = Width - radius))
        ball_vx[i] = - ball_vx[i];
    if ((ball_y[i]< = radius)||(ball_y[i]> = High - radius))
        ball_vy[i] = - ball_vy[i];
}

float minDistances2[BallNum][2];        // 记录某个小球和与它最近小球的距离,以及这
                                        // 个小球的下标

for (i = 0; i < BallNum; i++)
{
    minDistances2[i][0] = 9999999;
    minDistances2[i][1] = - 1;
}

// 求所有小球两两之间的距离的平方
for (i = 0; i < BallNum; i++)
{
    for (j = 0; j < BallNum; j++)
    {
        if (i!= j)                      // 自己和自己不需要比
        {
            float dist2;
            dist2 = (ball_x[i] - ball_x[j]) * (ball_x[i] - ball_x[j])
                    + (ball_y[i] - ball_y[j]) * (ball_y[i] - ball_y[j]);
            if (dist2 < minDistances2[i][0])
            {
                minDistances2[i][0] = dist2;
                minDistances2[i][1] = j;
            }
        }
    }
}

// 判断球之间是否碰撞
for (i = 0; i < BallNum; i++)
{
    if (minDistances2[i][0]< = 4 * radius * radius)   // 若最小距离小于阈值,发生碰撞
    {
        j = minDistances2[i][1];
        // 交换速度
        int temp;
        temp = ball_vx[i]; ball_vx[i] = ball_vx[j]; ball_vx[j] = temp;
        temp = ball_vy[i]; ball_vy[i] = ball_vy[j]; ball_vy[j] = temp;

        minDistances2[j][0] = 999999999;              // 避免交换两次速度,又回去了
```

```
            minDistances2[j][1] = -1;
        }
    }

    // 绘制黄线、绿色填充的圆
    setcolor(YELLOW);
    setfillcolor(GREEN);
    for (i = 0;i < BallNum;i++)
        fillcircle(ball_x[i], ball_y[i], radius);

    FlushBatchDraw();

    // 延时
    Sleep(3);
}
EndBatchDraw();
closegraph();
return 0;
}
```

4.2.3　小结

这个多球反弹的程序是不是比 printf 实现的反弹球好玩多了。本例中的实现思路也可用于台球、祖玛等游戏的实现。

思考题：

1. 多个反弹球间有可能交叉重叠，试着改进。

2. 实现每按一下空格键增加一个反弹球的效果。

4.3　实时钟表

本节利用 EasyX 实现一个实时钟表的小程序，同时学习时间函数的使用。本节程序的最终代码参看"\随书资源\第 4 章\ 4.3 实时时钟.cpp"，效果如图 4-10 所示。

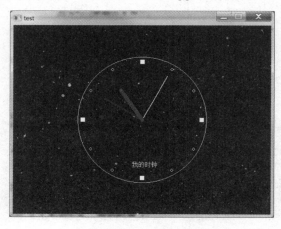

图 4-10　实时钟表效果

4.3.1　绘制静态秒针

第一步定义钟表的中心坐标(center_x,center_y)，它也是秒针的起点；定义秒针的长度 secondLength、秒针的终点坐标(secondEnd_x,secondEnd_y)；利用 setlinestyle 函数设定线的型号和宽度，调用 line(center_x，center_y，secondEnd_x，secondEnd_y)绘制秒针，如图 4-11 所示。

图 4-11　静态秒针效果

```
# include <graphics.h>
# include <conio.h>
# include <math.h>

# define High 480                          // 游戏画面尺寸
# define Width 640

int main()
{
    initgraph(Width, High);                 // 初始化 640×480 的绘图窗口
    int center_x,center_y;                  // 中心点的坐标,也是钟表的中心
    center_x = Width/2;
    center_y = High/2;
    int secondLength;                       // 秒针的长度
    secondLength = Width/5;

    int secondEnd_x,secondEnd_y;            // 秒针的终点

    secondEnd_x = center_x + secondLength;
    secondEnd_y = center_y;

    // 画秒针
    setlinestyle(PS_SOLID, 2);              // 画实线,宽度为两个像素
    setcolor(WHITE);
    line(center_x, center_y, secondEnd_x, secondEnd_y);
```

```
        getch();                              // 按任意键继续
        closegraph();                         // 关闭绘图窗口
        return 0;
    }
```

4.3.2 秒针的转动

第二步实现秒针的转动,定义 secondAngle 为秒针对应的角度,利用三角几何知识求出秒针的终点坐标:

```
secondEnd_x = center_x + secondLength * sin(secondAngle);
secondEnd_y = center_y - secondLength * cos(secondAngle);
```

让角度 secondAngle 循环变化,则实现了秒针转动的动画效果,如图 4-12 所示。

图 4-12 秒针转动效果

```
# include < graphics. h >
# include < conio. h >
# include < math. h >

# define High 480                             // 游戏画面尺寸
# define Width 640
# definePI 3.14159

int main()
{
    initgraph(Width, High);                   // 初始化 640×480 的绘图窗口
    int center_x,center_y;                    // 中心点的坐标,也是钟表的中心
    center_x = Width/2;
    center_y = High/2;
    int secondLength;                         // 秒针的长度
    secondLength = Width/5;

    int secondEnd_x,secondEnd_y;              // 秒针的终点
```

```
    float secondAngle = 0;                          // 秒针对应的角度

    while (1)
    {
        // 由角度决定的秒针终点坐标
        secondEnd_x = center_x + secondLength * sin(secondAngle);
        secondEnd_y = center_y - secondLength * cos(secondAngle);

        setlinestyle(PS_SOLID, 2);                  // 画实线,宽度为两个像素
        setcolor(WHITE);
        line(center_x, center_y, secondEnd_x, secondEnd_y);          // 画秒针

        Sleep(100);

        setcolor(BLACK);
        line(center_x, center_y, secondEnd_x, secondEnd_y);          // 隐藏前一帧的秒针

        // 秒针角度的变化
        secondAngle = secondAngle * 2 * PI/60;   // 一圈一共 2 * PI,一圈 60 秒,一秒钟秒针走
                                                 // 过的角度为 2 * PI/60
    }

    getch();                                    // 按任意键继续
    closegraph();                               // 关闭绘图窗口
    return 0;
}
```

4.3.3　根据实际时间转动

第三步定义系统变量(SYSTEMTIME ti),通过 GetLocalTime(&ti)获取当前时间,秒针的角度由实际时间确定,即 secondAngle = ti. wSecond * 2 * PI/60。

```
# include < graphics. h >
# include < conio. h >
# include < math. h >

# define High 480                              // 游戏画面尺寸
# define Width 640
# definePI3.14159

int main()
{
    initgraph(Width, High);                     // 初始化 640×480 的绘图窗口
    int center_x,center_y;                      // 中心点的坐标,也是钟表的中心
    center_x = Width/2;
    center_y = High/2;
    int secondLength;                           // 秒针的长度
    secondLength = Width/5;
```

```
int secondEnd_x,secondEnd_y;                    // 秒针的终点
float secondAngle;                              // 秒针对应的角度
SYSTEMTIME ti;                                  // 定义变量保存当前时间

while (1)
{
    GetLocalTime(&ti);                          // 获取当前时间
    // 秒针角度的变化
    secondAngle = ti.wSecond * 2 * PI/60;       // 一圈一共 2 * PI,一圈 60 秒,一秒钟秒钟走过的
                                                // 角度为 2 * PI/60

    // 由角度决定的秒针端点坐标
    secondEnd_x = center_x + secondLength * sin(secondAngle);
    secondEnd_y = center_y − secondLength * cos(secondAngle);

    setlinestyle(PS_SOLID, 2);                  // 画实线,宽度为两个像素
    setcolor(WHITE);
    line(center_x, center_y, secondEnd_x, secondEnd_y);         // 画秒针

    Sleep(100);

    setcolor(BLACK);
    line(center_x, center_y, secondEnd_x, secondEnd_y);         // 隐藏前一帧的秒针
}

getch();                                        // 按任意键继续
closegraph();                                   // 关闭绘图窗口
return 0;
}
```

4.3.4 添加时针和分针

第四步添加时针、分针,和秒针相比,它们的长度、宽度、颜色、旋转速度有一定的不同,如图 4-13 所示。

图 4-13　秒针、分针、时针效果

```
# include < graphics. h >
# include < conio. h >
# include < math. h >

# define High 480                        // 游戏画面尺寸
# define Width 640
# definePI3.14159

int main()
{
    initgraph(Width, High);              // 初始化 640×480 的绘图窗口
    int center_x, center_y;              // 中心点的坐标,也是钟表的中心
    center_x = Width/2;
    center_y = High/2;
    int secondLength = Width/7;          // 秒针的长度
    int minuteLength = Width/6;          // 分针的长度
    int hourLength = Width/5;            // 时针的长度

    int secondEnd_x, secondEnd_y;        // 秒针的终点
    int minuteEnd_x, minuteEnd_y;        // 分针的终点
    int hourEnd_x, hourEnd_y;            // 时针的终点
    float secondAngle;                   // 秒针对应的角度
    float minuteAngle;                   // 分针对应的角度
    float hourAngle;                     // 时针对应的角度

    SYSTEMTIME ti;                       // 定义变量保存当前时间

    while (1)
    {
        GetLocalTime(&ti);               // 获取当前时间
        // 秒针角度的变化
        secondAngle = ti.wSecond * 2 * PI/60;  // 一圈一共 2 * PI,一圈 60 秒,一秒钟秒针走过的
                                               // 角度为 2 * PI/60
        // 分针角度的变化
        minuteAngle = ti.wMinute * 2 * PI/60;  // 一圈一共 2 * PI,一圈 60 分,一分钟分针走过的
                                               // 角度为 2 * PI/60
        // 时针角度的变化
        hourAngle = ti.wHour * 2 * PI/12;      // 一圈一共 2 * PI,一圈 12 小时,一小时时针走过
                                               // 的角度为 2 * PI/12

        // 由角度决定的秒针端点坐标
        secondEnd_x = center_x + secondLength * sin(secondAngle);
        secondEnd_y = center_y − secondLength * cos(secondAngle);

        // 由角度决定的分针端点坐标
        minuteEnd_x = center_x + minuteLength * sin(minuteAngle);
        minuteEnd_y = center_y − minuteLength * cos(minuteAngle);

        // 由角度决定的时针端点坐标
        hourEnd_x = center_x + hourLength * sin(hourAngle);
        hourEnd_y = center_y − hourLength * cos(hourAngle);
```

```
        setlinestyle(PS_SOLID, 2);
        setcolor(WHITE);
        line(center_x, center_y, secondEnd_x, secondEnd_y);          // 画秒针

        setlinestyle(PS_SOLID, 4);
        setcolor(BLUE);
        line(center_x, center_y, minuteEnd_x, minuteEnd_y);          // 画分针

        setlinestyle(PS_SOLID, 6);
        setcolor(RED);
        line(center_x, center_y, hourEnd_x, hourEnd_y);              // 画时针

        Sleep(10);

        setcolor(BLACK);
        setlinestyle(PS_SOLID, 2);
        line(center_x, center_y, secondEnd_x, secondEnd_y);          // 隐藏前一帧的秒针
        setlinestyle(PS_SOLID, 4);
        line(center_x, center_y, minuteEnd_x, minuteEnd_y);          // 隐藏前一帧的分针
        setlinestyle(PS_SOLID, 6);
        line(center_x, center_y, hourEnd_x, hourEnd_y);              // 隐藏前一帧的时针
    }

    getch();                                                         // 按任意键继续
    closegraph();                                                    // 关闭绘图窗口
    return 0;
}
```

4.3.5　添加表盘刻度

　　第五步绘制表盘，并可以利用 outtextxy()函数在画面中输出文字，如图 4-14 所示。注意，为了让时针、分针的转动更自然，对求解时针、分针的角度进行了改进。

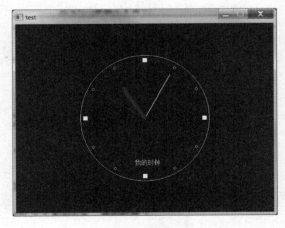

图 4-14　添加表盘刻度效果

```c
# include < graphics. h>
# include < conio. h>
# include < math. h>

# define High 480                        // 游戏画面尺寸
# define Width 640
# definePI3.14159

int main()
{
    initgraph(Width, High);              // 初始化 640×480 的绘图窗口
    int center_x,center_y;               // 中心点的坐标,也是钟表的中心
    center_x = Width/2;
    center_y = High/2;
    int secondLength = Width/7;          // 秒针的长度
    int minuteLength = Width/6;          // 分针的长度
    int hourLength = Width/5;            // 时针的长度

    int secondEnd_x,secondEnd_y;         // 秒针的终点
    int minuteEnd_x,minuteEnd_y;         // 分针的终点
    int hourEnd_x,hourEnd_y;             // 时针的终点
    float secondAngle;                   // 秒针对应的角度
    float minuteAngle;                   // 分针对应的角度
    float hourAngle;                     // 时针对应的角度

    SYSTEMTIME ti;                       // 定义变量保存当前时间

    BeginBatchDraw();
    while (1)
    {
        // 绘制一个简单的表盘
        setlinestyle(PS_SOLID, 1);
        setcolor(WHITE);
        circle(center_x, center_y, Width/4);

        // 画刻度
        int x, y,i;
        for (i = 0; i < 60; i++)
        {
            x = center_x + int(Width/4.3 * sin(PI * 2 * i / 60));
            y = center_y + int(Width/4.3 * cos(PI * 2 * i / 60));

            if (i % 15 == 0)
                bar(x - 5, y - 5, x + 5, y + 5);
            else if (i % 5 == 0)
                circle(x, y, 3);
            else
                putpixel(x, y, WHITE);
        }

        outtextxy(center_x - 25, center_y + Width/6, "我的时钟");
```

```
            GetLocalTime(&ti);                              // 获取当前时间
            // 秒针角度的变化
            secondAngle = ti.wSecond * 2 * PI/60;           // 一圈一共 2 * PI,一圈 60 秒,一秒钟秒针走过的
                                                            // 角度为 2 * PI/60

            // 分针角度的变化
            minuteAngle = ti.wMinute * 2 * PI/60 + secondAngle/60; // 一圈一共 2 * PI,一圈 60 分,
                                                            // 一分钟分针走过的角度为
                                                            // 2 * PI/60

            // 时针角度的变化
            hourAngle = ti.wHour * 2 * PI/12 + minuteAngle/12; // 一圈一共 2 * PI,一圈 12 小时,
                                                            // 一小时时针走过的角度为
                                                            // 2 * PI/12
            // 由角度决定的秒针端点坐标
            secondEnd_x = center_x + secondLength * sin(secondAngle);
            secondEnd_y = center_y - secondLength * cos(secondAngle);

            // 由角度决定的分针端点坐标
            minuteEnd_x = center_x + minuteLength * sin(minuteAngle);
            minuteEnd_y = center_y - minuteLength * cos(minuteAngle);

            // 由角度决定的时针端点坐标
            hourEnd_x = center_x + hourLength * sin(hourAngle);
            hourEnd_y = center_y - hourLength * cos(hourAngle);

            setlinestyle(PS_SOLID, 2);
            setcolor(YELLOW);
            line(center_x, center_y, secondEnd_x, secondEnd_y);      // 画秒针

            setlinestyle(PS_SOLID, 4);
            setcolor(BLUE);
            line(center_x, center_y, minuteEnd_x, minuteEnd_y);      // 画分针

            setlinestyle(PS_SOLID, 6);
            setcolor(RED);
            line(center_x, center_y, hourEnd_x, hourEnd_y);          // 画时针

            FlushBatchDraw();
            Sleep(10);

            setcolor(BLACK);
            setlinestyle(PS_SOLID, 2);
            line(center_x, center_y, secondEnd_x, secondEnd_y);      // 隐藏前一帧的秒针
            setlinestyle(PS_SOLID, 5);
            line(center_x, center_y, minuteEnd_x, minuteEnd_y);      // 隐藏前一帧的分针
            setlinestyle(PS_SOLID, 10);
            line(center_x, center_y, hourEnd_x, hourEnd_y);          // 隐藏前一帧的时针
    }

    EndBatchDraw();
    getch();                                                 // 按任意键继续
```

```
    closegraph();                        // 关闭绘图窗口
    return 0;
}
```

4.3.6　小结

这样一个很实用的钟表程序就做好了,其中的时间处理模块也可用于很多计时类游戏。

思考题:

1. 实现一个倒计时码表。

2. 实现一个可视化的万年历。

4.4　结合游戏开发框架和 EasyX 绘图实现反弹球消砖块

本节结合游戏开发框架和 EasyX 绘图重新实现反弹球消砖块游戏,如图 4-15 所示。本节游戏的最终代码参看"\随书资源\第 4 章\ 4.4 反弹球消砖块.cpp"。

图 4-15　反弹球消砖块游戏效果

4.4.1　游戏框架代码的重构

第一步将 4.1.3 节中反弹球动画的代码用标准游戏框架重构。

```
# include <conio.h>
# include <graphics.h>

# define High 480                        // 游戏画面尺寸
# define Width 640

// 全局变量
int ball_x,ball_y;                       // 小球的坐标
int ball_vx,ball_vy;                     // 小球的速度
int radius;                              // 小球的半径

void startup()                           // 数据的初始化
```

```
{
    ball_x = Width/2;
    ball_y = High/2;
    ball_vx = 1;
    ball_vy = 1;
    radius = 20;

    initgraph(Width, High);
    BeginBatchDraw();
}

void clean()                                      // 显示画面
{
    // 绘制黑线、黑色填充的圆
    setcolor(BLACK);
    setfillcolor(BLACK);
    fillcircle(ball_x, ball_y, radius);
}

void show()                                       // 显示画面
{
    // 绘制黄线、绿色填充的圆
    setcolor(YELLOW);
    setfillcolor(GREEN);
    fillcircle(ball_x, ball_y, radius);
    FlushBatchDraw();
    // 延时
    Sleep(3);
}

void updateWithoutInput()                         // 与用户输入无关的更新
{
    // 更新小圆的坐标
    ball_x = ball_x + ball_vx;
    ball_y = ball_y + ball_vy;

    if ((ball_x <= radius)||(ball_x >= Width - radius))
        ball_vx = - ball_vx;
    if ((ball_y <= radius)||(ball_y >= High - radius))
        ball_vy = - ball_vy;
}

void updateWithInput()                            // 与用户输入有关的更新
{
}

void gameover()
{
    EndBatchDraw();
    closegraph();
}
```

```
int main()
{
    startup();                              // 数据的初始化
    while (1)                               // 游戏循环执行
    {
        clean();                            // 把之前绘制的内容清除
        updateWithoutInput();               // 与用户输入无关的更新
        updateWithInput();                  // 与用户输入有关的更新
        show();                             // 显示新画面
    }
    gameover();                             // 游戏结束,进行后续处理
    return 0;
}
```

4.4.2 绘制静态挡板

第二步绘制静态挡板,挡板的中心坐标为(bar_x,bar_y),高度为 bar_high,宽度为 bar_width,挡板的上下左右位置坐标为 bar_left、bar_right、bar_top、bar_bottom,调用函数 bar(bar_left,bar_top,bar_right,bar_bottom)进行绘制,如图 4-16 所示。

图 4-16 绘制挡板、小球效果

```
# include < conio. h >
# include < graphics. h >

# define High 480                           // 游戏画面尺寸
# define Width 640

// 全局变量
int ball_x, ball_y;                         // 小球的坐标
int ball_vx, ball_vy;                       // 小球的速度
int radius;                                 // 小球的半径
int bar_x, bar_y;                           // 挡板的中心坐标
int bar_high, bar_width;                    // 挡板的高度和宽度
int bar_left, bar_right, bar_top, bar_bottom;  // 挡板的上下左右位置坐标
```

```
void startup()                                    // 数据的初始化
{
    ball_x = Width/2;
    ball_y = High/2;
    ball_vx = 1;
    ball_vy = 1;
    radius = 20;

    bar_high = High/20;
    bar_width = Width/5;
    bar_x = Width/2;
    bar_y = High - bar_high/2;
    bar_left = bar_x - bar_width/2;
    bar_right = bar_x + bar_width/2;
    bar_top = bar_y - bar_high/2;
    bar_bottom = bar_y + bar_high/2;

    initgraph(Width, High);
    BeginBatchDraw();
}

void clean()                                      // 清除画面
{
    setcolor(BLACK);
    setfillcolor(BLACK);
    fillcircle(ball_x, ball_y, radius);           // 绘制黑线、黑色填充的圆
    bar(bar_left,bar_top,bar_right,bar_bottom);          // 绘制黑线、黑色填充的挡板
}

void show()                                       // 显示画面
{
    setcolor(YELLOW);
    setfillcolor(GREEN);
    fillcircle(ball_x, ball_y, radius);           // 绘制黄线、绿色填充的圆
    bar(bar_left,bar_top,bar_right,bar_bottom);          // 绘制黄线、绿色填充的挡板

    FlushBatchDraw();
    // 延时
    Sleep(3);
}

void updateWithoutInput()                         // 与用户输入无关的更新
{
    // 更新小圆的坐标
    ball_x = ball_x + ball_vx;
    ball_y = ball_y + ball_vy;

    if ((ball_x <= radius)||(ball_x >= Width - radius))
        ball_vx = - ball_vx;
    if ((ball_y <= radius)||(ball_y >= High - radius))
```

```
        ball_vy = - ball_vy;
}

void updateWithInput()                  // 与用户输入有关的更新
{
}

void gameover()
{
    EndBatchDraw();
    closegraph();
}

int main()
{
    startup();                          // 数据的初始化
    while (1)                           // 游戏循环执行
    {
        clean();                        // 把之前绘制的内容取消
        updateWithoutInput();           // 与用户输入无关的更新
        updateWithInput();              // 与用户输入有关的更新
        show();                         // 显示新画面
    }
    gameover();                         // 游戏结束,进行后续处理
    return 0;
}
```

4.4.3　控制挡板接球

第三步用 a、s、d、w 实现挡板的移动,判断挡板是否接中小球,接中后反弹。

```
void updateWithoutInput()                       // 与用户输入无关的更新
{
    // 挡板和小球碰撞,小球反弹
    if ( ( (ball_y + radius >= bar_top) && (ball_y + radius < bar_bottom - bar_high/3) )
        || ( (ball_y - radius <= bar_bottom) && (ball_y - radius > bar_top - bar_high/3) ) )
            if ( (ball_x >= bar_left) && (ball_x <= bar_right) )
                    ball_vy = - ball_vy;

    // 更新小圆的坐标
    ball_x = ball_x + ball_vx;
    ball_y = ball_y + ball_vy;

    if ((ball_x <= radius)||(ball_x >= Width - radius))
        ball_vx = - ball_vx;
    if ((ball_y <= radius)||(ball_y >= High - radius))
        ball_vy = - ball_vy;
}

void updateWithInput()                          // 与用户输入有关的更新
{
    char input;
```

```
    if(kbhit())                                    // 判断是否有输入
    {
        input = getch();                           // 根据用户的不同输入来移动,不必输入回车
        if (input == 'a' && bar_left > 0)
        {
            bar_x = bar_x - 15;                    // 位置左移
            bar_left = bar_x - bar_width/2;
            bar_right = bar_x + bar_width/2;
        }
        if (input == 'd' && bar_right < Width)
        {
            bar_x = bar_x + 15;                    // 位置右移
            bar_left = bar_x - bar_width/2;
            bar_right = bar_x + bar_width/2;
        }
        if (input == 'w' && bar_top > 0)
        {
            bar_y = bar_y - 15;                    // 位置左移
            bar_top = bar_y - bar_high/2;
            bar_bottom = bar_y + bar_high/2;
        }
        if (input == 's' && bar_bottom < High)
        {
            bar_y = bar_y + 15;                    // 位置右移
            bar_top = bar_y - bar_high/2;
            bar_bottom = bar_y + bar_high/2;
        }
    }
}
```

4.4.4 消砖块

第四步加入 brick_num 个砖块,int isBrickExisted[Brick_num]记录某一砖块是否存在。如果小球与 i 号砖块发生碰撞,则让该砖块消失(isBrickExisted[i] = 0),不显示。效果如图 4-17 所示。

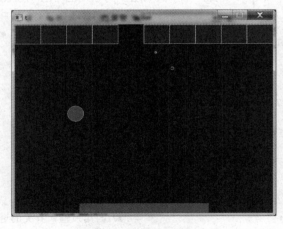

图 4-17 反弹球消砖块效果

```
# include < conio. h >
# include < graphics. h >

# define High 480                          // 游戏画面尺寸
# define Width 640
# define Brick_num 10                       // 砖块的个数

// 全局变量
int ball_x,ball_y;                          // 小球的坐标
int ball_vx,ball_vy;                        // 小球的速度
int radius;                                 // 小球的半径
int bar_x,bar_y;                            // 挡板的中心坐标
int bar_high,bar_width;                     // 挡板的高度和宽度
int bar_left,bar_right,bar_top,bar_bottom;  // 挡板的上下左右位置坐标

int isBrickExisted[Brick_num];              // 每个砖块是否存在,1 为存在,0 为没有了
int brick_high,brick_width;                 // 每个砖块的高度和宽度

void startup()                              // 数据的初始化
{
    ball_x = Width/2;
    ball_y = High/2;
    ball_vx = 1;
    ball_vy = 1;
    radius = 20;

    bar_high = High/20;
    bar_width = Width/2;
    bar_x = Width/2;
    bar_y = High - bar_high/2;
    bar_left = bar_x - bar_width/2;
    bar_right = bar_x + bar_width/2;
    bar_top = bar_y - bar_high/2;
    bar_bottom = bar_y + bar_high/2;

    brick_width = Width/Brick_num;
    brick_high = High/Brick_num;

    int i;
    for (i = 0;i < Brick_num;i++)
        isBrickExisted[i] = 1;

    initgraph(Width, High);
    BeginBatchDraw();
}

void clean()                                // 消除画面
{
    setcolor(BLACK);
    setfillcolor(BLACK);
    fillcircle(ball_x, ball_y, radius);     // 绘制黑线、黑色填充的圆
```

```
        bar(bar_left,bar_top,bar_right,bar_bottom);              // 绘制黑线、黑色填充的挡板

        int i,brick_left,brick_right,brick_top,brick_bottom;
        for (i = 0;i < Brick_num;i++)
        {
            brick_left = i * brick_width;
            brick_right = brick_left + brick_width;
            brick_top = 0;
            brick_bottom = brick_high;
            if (!isBrickExisted[i])                  // 砖块没有了,绘制黑色
                fillrectangle(brick_left,brick_top,brick_right,brick_bottom);
        }
}

void show()                                 // 显示画面
{
    setcolor(YELLOW);
    setfillcolor(GREEN);
    fillcircle(ball_x, ball_y, radius);          // 绘制黄线、绿色填充的圆
    bar(bar_left,bar_top,bar_right,bar_bottom);              // 绘制黄线、绿色填充的挡板

    int i,brick_left,brick_right,brick_top,brick_bottom;

    for (i = 0;i < Brick_num;i++)
    {
        brick_left = i * brick_width;
        brick_right = brick_left + brick_width;
        brick_top = 0;
        brick_bottom = brick_high;

        if (isBrickExisted[i])                  // 砖块存在,绘制砖块
        {
            setcolor(WHITE);
            setfillcolor(RED);
            fillrectangle(brick_left,brick_top,brick_right,brick_bottom);       // 绘制砖块
        }
    }

    FlushBatchDraw();
    // 延时
    Sleep(3);
}

void updateWithoutInput()                     // 与用户输入无关的更新
{
    // 挡板和小球碰撞,小球反弹
    if ( ( (ball_y + radius >= bar_top) && (ball_y + radius < bar_bottom – bar_high/3) )
        || ( (ball_y – radius <= bar_bottom) && (ball_y – radius > bar_top – bar_high/3) ) )
        if ( (ball_x >= bar_left) && (ball_x <= bar_right) )
                ball_vy = – ball_vy;
```

```
    // 更新小圆的坐标
    ball_x = ball_x + ball_vx;
    ball_y = ball_y + ball_vy;

    // 小球和边界碰撞
    if ((ball_x == radius)||(ball_x == Width - radius))
        ball_vx = - ball_vx;
    if ((ball_y == radius)||(ball_y == High - radius))
        ball_vy = - ball_vy;

    // 判断小球是否和某个砖块碰撞
    int i, brick_left, brick_right, brick_bottom;
    for (i = 0; i < Brick_num; i++)
    {
        if (isBrickExisted[i])                 // 砖块存在才判断
        {
            brick_left = i * brick_width;
            brick_right = brick_left + brick_width;
            brick_bottom = brick_high;
            if ( (ball_y == brick_bottom + radius) && (ball_x >= brick_left) && (ball_x <=
brick_right) )
            {
                isBrickExisted[i] = 0;
                ball_vy = - ball_vy;
            }
        }
    }
}


void updateWithInput()                          // 与用户输入有关的更新
{
    char input;
    if(kbhit())                                 // 判断是否有输入
    {
        input = getch();                        // 根据用户的不同输入来移动,不必输入回车
        if (input == 'a' && bar_left > 0)
        {
            bar_x = bar_x - 15;                 // 位置左移
            bar_left = bar_x - bar_width/2;
            bar_right = bar_x + bar_width/2;
        }
        if (input == 'd' && bar_right < Width)
        {
            bar_x = bar_x + 15;                 // 位置右移
            bar_left = bar_x - bar_width/2;
            bar_right = bar_x + bar_width/2;
        }
        if (input == 'w' && bar_top > 0)
        {
            bar_y = bar_y - 15;                 // 位置左移
            bar_top = bar_y - bar_high/2;
```

```
                bar_bottom = bar_y + bar_high/2;
            }
            if (input == 's' && bar_bottom < High)
            {
                bar_y = bar_y + 15;                   // 位置右移
                bar_top = bar_y - bar_high/2;
                bar_bottom = bar_y + bar_high/2;
            }
        }
    }

void gameover()
{
    EndBatchDraw();
    closegraph();
}

int main()
{
    startup();                                  // 数据的初始化
    while (1)                                   // 游戏循环执行
    {
        clean();                                // 把之前绘制的内容取消
        updateWithoutInput();                   // 与用户输入无关的更新
        updateWithInput();                      // 与用户输入有关的更新
        show();                                 // 显示新画面
    }
    gameover();                                 // 游戏结束,进行后续处理
    return 0;
}
```

4.4.5 小结

思考题:尝试用游戏框架和 EasyX 绘图实现接金币的游戏。

4.5 鼠 标 交 互

对于很多游戏,鼠标是一种更自然的交互方式。本节将学习鼠标交互信息的获取,并实现一个鼠标控制反弹球的小游戏,最终代码参见"\随书资源\第 4 章\ 4.5.3 鼠标交互反弹球.cpp"。

4.5.1 鼠标交互基础

回顾一下键盘交互处理函数:

```
void updateWithInput()                          // 与用户输入有关的更新
{
    char input;
    if(kbhit())                                 // 判断是否有输入
```

```
        {
            input = getch();                    // 根据用户的不同输入来移动
            if (input == 'a')
            {
                position_y--;                   // 位置左移
            }
        }
    }
```

相应的鼠标交互处理函数也非常类似：

```
void updateWithInput()                          // 与用户输入有关的更新
{
    MOUSEMSG m;                                 // 定义鼠标消息
    if (MouseHit())                             // 检测当前是否有鼠标消息
    {
        m = GetMouseMsg();                      // 获取一条鼠标消息
        if(m.uMsg == WM_MOUSEMOVE)              // 鼠标移动状态
        {
            // 更新位置为鼠标所在的位置
            position_x = m.x;
            position_y = m.y;
        }
    }
}
```

下面实现鼠标移动时在鼠标位置画白色的小点，如图 4-18 所示。

图 4-18　鼠标移动绘制白点效果

```
# include < graphics.h >
# include < conio.h >
int main()
{
    initgraph(640, 480);                        // 初始化图形窗口
    MOUSEMSG m;                                 // 定义鼠标消息
    while(1)
    {
```

```
        m = GetMouseMsg();                        // 获取一条鼠标消息
        if(m.uMsg == WM_MOUSEMOVE)
        {
            // 鼠标移动的时候画白色的小点
            putpixel(m.x, m.y, WHITE);
        }
    }
    return 0;
}
```

接着在鼠标左键按下时绘制一个方块,在鼠标右键按下又抬起时绘制一个圆,效果如图 4-19 所示,通过这个案例能够基本掌握鼠标交互的方法。

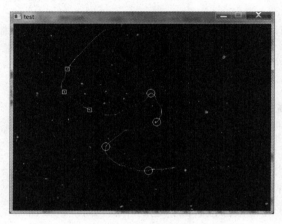

图 4-19　增加鼠标按键交互效果

```
# include < graphics.h >
# include < conio.h >
int main()
{
    initgraph(640, 480);                          // 初始化图形窗口
    MOUSEMSG m;                                   // 定义鼠标消息
    while(1)
    {
        m = GetMouseMsg();                        // 获取一条鼠标消息
        if(m.uMsg == WM_MOUSEMOVE)
        {
            // 鼠标移动的时候在鼠标位置画白色的小点
            putpixel(m.x, m.y, WHITE);
        }
        else if (m.uMsg == WM_LBUTTONDOWN)
        {
            // 鼠标左键按下时在鼠标位置画一个方块
            rectangle(m.x - 5, m.y - 5, m.x + 5, m.y + 5);
        }
        else if (m.uMsg == WM_RBUTTONUP)
        {
            // 鼠标右键按下又抬起时画一个圆
```

```
                circle(m.x, m.y, 10);
        }
    }
    return 0;
}
```

4.5.2　用鼠标控制挡板移动

修改 4.4 节的反弹球消砖块游戏，使得挡板跟着鼠标移动，只需修改 updateWithInput()
函数。

```
void updateWithInput()                           // 与用户输入有关的更新
{
    MOUSEMSG m;                                  // 定义鼠标消息
    if (MouseHit())                              // 这个函数用于检测当前是否有鼠标消息
    {
        m = GetMouseMsg();                       // 获取一条鼠标消息
        if(m.uMsg == WM_MOUSEMOVE)
        {
            // 挡板的位置等于鼠标所在的位置
            bar_x = m.x;
            bar_y = m.y;
            bar_left = bar_x - bar_width/2;
            bar_right = bar_x + bar_width/2;
            bar_top = bar_y - bar_high/2;
            bar_bottom = bar_y + bar_high/2;
        }
    }
}
```

4.5.3　按鼠标左键初始化小球位置

实现按下鼠标左键后小球位置变到挡板中心上方。

```
void updateWithInput()                           // 与用户输入有关的更新
{
    MOUSEMSG m;                                  // 定义鼠标消息
    if (MouseHit())                              // 这个函数用于检测当前是否有鼠标消息
    {
        m = GetMouseMsg();                       // 获取一条鼠标消息
        if(m.uMsg == WM_MOUSEMOVE)
        {
            // 鼠标移动时挡板的位置等于鼠标所在的位置
            bar_x = m.x;
            bar_y = m.y;
            bar_left = bar_x - bar_width/2;
            bar_right = bar_x + bar_width/2;
            bar_top = bar_y - bar_high/2;
            bar_bottom = bar_y + bar_high/2;
        }
```

```
        else if (m.uMsg == WM_LBUTTONDOWN)
        {
            // 按下鼠标左键,初始化小球的位置为挡板上面中心
            ball_x = bar_x;
            ball_y = bar_top - radius - 3;
        }
    }
}
```

4.5.4　小结

对于更多鼠标交互的使用方法可以查阅安装目录下的 EasyX 帮助文档(EasyX_Help. chm\函数说明\鼠标相关函数)。

思考题:

1. 尝试实现鼠标移动时画出连续的曲线。

2. 尝试实现按鼠标左键小鸟向上移动的 flappy bird 游戏。

3. 尝试实现鼠标控制移动、按左键发射子弹的飞机游戏。

应用图片与声音素材的游戏开发

本章学习图片、音乐等多媒体素材的导入与使用，进一步提升游戏效果。

5.1　使用图片与声音

本节学习利用 getimage、putimage、mciSendString 等函数在游戏中使用图片与声音，如图 5-1 所示。实现的 flappy bird 游戏原型代码参看"\随书资源\第 5 章\5.1 使用图片与声音\5.1 flappy bird 原型.cpp"，游戏视频"5.1 flappy bird 视频.wmv"。

5.1.1　图片的导入与使用

以下代码利用 loadimage 函数导入一张图片，并将对应的图片对象 img_bk 利用 putimage 函数输出到屏幕，如图 5-2 所示。对于更多图像处理相关函数的使用方法可以查阅安装目录下的 EasyX 帮助文档(EasyX_Help.chm\函数说明\图像处理相关函数)。

图 5-1　flappy bird 游戏效果

图 5-2　显示背景图片

```
# include <graphics.h>
# include <conio.h>
int main()
{
    initgraph(350, 600);
    IMAGE img_bk;                              // 定义 IMAGE 对象
    loadimage(&img_bk, "D:\\background.jpg");  // 读取图片到 IMAGE 对象中
    putimage(0, 0, &img_bk);                   // 在坐标 (0, 0) 位置显示 IMAGE 对象
    getch();
    closegraph();
    return 0;
}
```

background.jpg 在"\随书资源\第 5 章\5.1 使用图片与声音\flappy bird 图片音乐素材\"中,可以先将 background.jpg 复制到 D 盘根目录。根据字符串的知识,loadimage()函数中的文件路径需要写成"D:\\background.jpg"。对于某些编译器(例如 Visual Studio 2015),文件路径字符串需要写成"_T("D:\\background.jpg")"。

另外,可以在游戏背景上绘制小鸟图像 bird2.jpg,如图 5-3 所示。

图 5-3　显示小鸟与背景图片

```
# include <graphics.h>
# include <conio.h>
int main()
{
    initgraph(350, 600);
    IMAGE img_bk;                              // 定义 IMAGE 对象
    loadimage(&img_bk, "D:\\background.jpg");  // 读取图片到 IMAGE 对象中
    putimage(0, 0, &img_bk);                   // 在坐标 (0, 0) 位置显示 IMAGE 对象
    IMAGE img_bd;
    loadimage(&img_bd, "D:\\bird2.jpg");
    putimage(100, 200, &img_bd);
    getch();
    closegraph();
```

```
    return 0;
}
```

5.1.2　遮罩图的使用

以上实现的程序在小鸟的周边会出现明显的白色边框,可以进一步利用小鸟的遮罩图片 bird1.jpg。bird1.jpg 与 bird2.jpg 中的像素一一对应,bird1 中白色的区域将 bird2 中对应的像素显示;bird1 中黑色的区域将 bird2 中对应的像素隐藏。效果如图 5-4 所示。

图 5-4　遮罩图的应用效果

```
#include <graphics.h>
#include <conio.h>
int main()
{
    initgraph(350, 600);
    IMAGE img_bk;                                 // 定义 IMAGE 对象
    loadimage(&img_bk, "D:\\background.jpg");      // 读取图片到 IMAGE 对象中
    putimage(0, 0, &img_bk);                       // 在坐标 (0, 0) 位置显示 IMAGE 对象
    IMAGE img_bd1,img_bd2;
    loadimage(&img_bd1, "D:\\bird1.jpg");
    loadimage(&img_bd2, "D:\\bird2.jpg");
    putimage(100, 200, &img_bd1,NOTSRCERASE);
    putimage(100, 200, &img_bd2,SRCINVERT);
    getch();
    closegraph();
    return 0;
}
```

对应的遮罩图片可以用 Photoshop 等软件抠图生成。如果有带透明通道的 png 图片,本书还提供了自动生成遮罩图片的程序和源代码，参看"\随书资源\第 5 章\5.1 使用图片与声音\png2bmp&mask\"。

5.1.3 flappy bird 初步

本节利用游戏框架和导入的图片实现 flappy bird 的游戏原型，小鸟自由下落，按空格键后向上移动，如图 5-1 所示。

```
# include < graphics.h >
# include < conio.h >

IMAGE img_bk,img_bd1,img_bd2,img_bar_up1,img_bar_up2,img_bar_down1,img_bar_down2;
int bird_x;
int bird_y;

void startup()
{
    initgraph(350, 600);
    loadimage(&img_bk, "D:\\background.jpg");
    loadimage(&img_bd1, "D:\\bird1.jpg");
    loadimage(&img_bd2, "D:\\bird2.jpg");
    loadimage(&img_bar_up1, "D:\\bar_up1.gif");
    loadimage(&img_bar_up2, "D:\\bar_up2.gif");
    loadimage(&img_bar_down1, "D:\\bar_down1.gif");
    loadimage(&img_bar_down2, "D:\\bar_down2.gif");
    bird_x = 50;
    bird_y = 200;
    BeginBatchDraw();
}

void show()
{
    putimage(0, 0, &img_bk);                            // 显示背景
    putimage(150, - 300, &img_bar_up1,NOTSRCERASE);     // 显示上面一半的障碍物
    putimage(150, - 300, &img_bar_up2,SRCINVERT);
    putimage(150, 400, &img_bar_down1,NOTSRCERASE);     // 显示下面一半的障碍物
    putimage(150, 400, &img_bar_down2,SRCINVERT);
    putimage(bird_x, bird_y, &img_bd1,NOTSRCERASE);     // 显示小鸟
    putimage(bird_x, bird_y, &img_bd2,SRCINVERT);
    FlushBatchDraw();
    Sleep(50);
}

void updateWithoutInput()
{
    if (bird_y < 580)
        bird_y = bird_y + 3;
}

void updateWithInput()
```

```
{
    char input;
    if(kbhit())                                      // 判断是否有输入
    {
        input = getch();
        if (input == ' ' && bird_y > 20)
            bird_y = bird_y - 60;
    }
}

void gameover()
{
    EndBatchDraw();
    getch();
    closegraph();
}

int main()
{
    startup();                                       // 数据的初始化
    while (1)                                         // 游戏循环执行
    {
        show();                                       // 显示画面
        updateWithoutInput();                         // 与用户输入无关的更新
        updateWithInput();                            // 与用户输入有关的更新
    }
    gameover();                                       // 游戏结束,进行后续处理
    return 0;
}
```

5.1.4　声音的导入与使用

声音对于游戏也是一个非常重要的元素,可以使用 mciSendString 函数播放 mp3 文件。在程序前加上 ♯pragma comment(lib,"Winmm. lib"),以下语句可以循环播放背景音乐:

```
mciSendString("open D:\\background. mp3 alias bkmusic", NULL, 0, NULL);   // 背景音乐
mciSendString("play bkmusic repeat", NULL, 0, NULL);                       // 循环播放
```

以下语句可以播放一次音乐:

```
mciSendString("open D:\\Jump. mp3 alias jpmusic", NULL, 0, NULL);          // 打开音乐
mciSendString("play jpmusic", NULL, 0, NULL);                              // 仅播放一次
```

如果需要多次播放某一音乐,则需要先关闭再打开播放:

```
mciSendString("close jpmusic", NULL, 0, NULL);                            // 先把前面一次的音乐关闭
mciSendString("open D:\\Jump. mp3 alias jpmusic", NULL, 0, NULL);          // 打开音乐
mciSendString("play jpmusic", NULL, 0, NULL);                              // 仅播放一次
```

5.1.5 带音效的 flappy bird

这里导入背景音乐 background. mp3 循环播放,并且每按一次空格键播放一次音乐 Jump. mp3,需要先将 mp3 文件复制到对应的目录。

```c
#include <graphics.h>
#include <conio.h>
// 引用 Windows Multimedia API
#pragma comment(lib,"Winmm.lib")
IMAGE img_bk,img_bd1,img_bd2,img_bar_up1,img_bar_up2,img_bar_down1,img_bar_down2;
int bird_x;
int bird_y;

void startup()
{
    initgraph(350, 600);
    loadimage(&img_bk, "D:\\background.jpg");
    loadimage(&img_bd1, "D:\\bird1.jpg");
    loadimage(&img_bd2, "D:\\bird2.jpg");
    loadimage(&img_bar_up1, "D:\\bar_up1.gif");
    loadimage(&img_bar_up2, "D:\\bar_up2.gif");
    loadimage(&img_bar_down1, "D:\\bar_down1.gif");
    loadimage(&img_bar_down2, "D:\\bar_down2.gif");
    bird_x = 50;
    bird_y = 200;
    BeginBatchDraw();

    mciSendString("open D:\\background.mp3 alias bkmusic", NULL, 0, NULL);    // 打开背景音乐
    mciSendString("play bkmusic repeat", NULL, 0, NULL);   // 循环播放
}

void show()
{
    putimage(0, 0, &img_bk);                              // 显示背景
    putimage(150, -300, &img_bar_up1,NOTSRCERASE);        // 显示上面一半的障碍物
    putimage(150, -300, &img_bar_up2,SRCINVERT);
    putimage(150, 400, &img_bar_down1,NOTSRCERASE);       // 显示下面一半的障碍物
    putimage(150, 400, &img_bar_down2,SRCINVERT);
    putimage(bird_x, bird_y, &img_bd1,NOTSRCERASE);       // 显示小鸟
    putimage(bird_x, bird_y, &img_bd2,SRCINVERT);
    FlushBatchDraw();
    Sleep(50);
}

void updateWithoutInput()
{
    if (bird_y < 500)
        bird_y = bird_y + 3;
}
```

```
void updateWithInput()
{
    char input;
    if(kbhit())                                         // 判断是否有输入
    {
        input = getch();
        if (input == ' ' && bird_y > 20)
        {
            bird_y = bird_y - 60;
            mciSendString("close jpmusic", NULL, 0, NULL);          // 先把前面一次的音乐关闭
            mciSendString("open D:\\Jump.mp3 alias jpmusic", NULL, 0, NULL);     // 打开音乐
            mciSendString("play jpmusic", NULL, 0, NULL); // 仅播放一次
        }
    }
}

void gameover()
{
    EndBatchDraw();
    getch();
    closegraph();
}

int main()
{
    startup();                                          // 数据的初始化
    while (1)                                           // 游戏循环执行
    {
        show();                                         // 显示画面
        updateWithoutInput();                           // 与用户输入无关的更新
        updateWithInput();                              // 与用户输入有关的更新
    }
    gameover();                                         // 游戏结束,进行后续处理
    return 0;
}
```

5.1.6　小结

带图片、音乐效果的 flappy bird 是不是很帅？

思考题：实现完整的 flappy bird 游戏。

5.2　飞机大战

本节继续应用图片、音乐素材实现一个鼠标控制的飞机大战游戏,如图 5-5 所示。游戏代码和素材参看“\随书资源\第 5 章\5.2 飞机大战\”。

5.2.1　用鼠标控制飞机移动

第一步实现鼠标控制飞机移动,如图 5-6 所示。首先需要将 background.jpg、planeNormal_1.jpg、planeNormal_2.jpg 复制到对应目录。

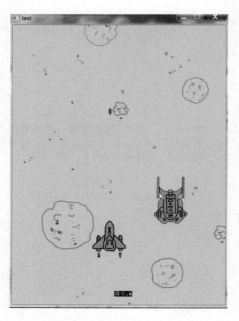

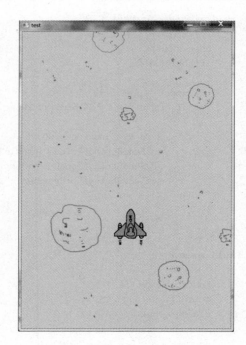

图 5-5　飞机大战游戏效果　　　　　　　　图 5-6　鼠标控制飞机移动效果

```c
#include <graphics.h>
#include <conio.h>

// 引用 Windows Multimedia API
#pragma comment(lib,"Winmm.lib")

#define High 864                                          // 游戏画面尺寸
#define Width 591

IMAGE img_bk;                                             // 背景图片
int position_x,position_y;                               // 飞机的位置
IMAGE img_planeNormal1,img_planeNormal2;                 // 飞机图片

void startup()
{
    initgraph(Width,High);
    loadimage(&img_bk, "D:\\background.jpg");
    loadimage(&img_planeNormal1, "D:\\planeNormal_1.jpg");
    loadimage(&img_planeNormal2, "D:\\planeNormal_2.jpg");
    position_x = High * 0.7;
    position_y = Width * 0.5;
    BeginBatchDraw();
}

void show()
{
    putimage(0, 0, &img_bk);                             // 显示背景
```

```
        putimage(position_x - 50, position_y - 60, &img_planeNormal1,NOTSRCERASE);    // 显示飞机
        putimage(position_x - 50, position_y - 60, &img_planeNormal2,SRCINVERT);
        FlushBatchDraw();
        Sleep(2);
}

void updateWithoutInput()
{
}

void updateWithInput()
{
        MOUSEMSG m;                                        // 定义鼠标消息
        while (MouseHit())                                 // 这个函数用于检测当前是否有鼠标消息
        {
            m = GetMouseMsg();
            //if(m.uMsg == WM_MOUSEMOVE)
            {
                // 飞机的位置等于鼠标所在的位置
                position_x = m.x;
                position_y = m.y;
            }
        }
}

void gameover()
{
        EndBatchDraw();
        getch();
        closegraph();
}

int main()
{
        startup();                                         // 数据的初始化
        while (1)                                          // 游戏循环执行
        {
            show();                                        // 显示画面
            updateWithoutInput();                          // 与用户输入无关的更新
            updateWithInput();                             // 与用户输入有关的更新
        }
        gameover();                                        // 游戏结束,进行后续处理
        return 0;
}
```

5.2.2　发射子弹

第二步按鼠标左键后飞机发射子弹,子弹图片为 bullet1. jpg、bullet2. jpg,如图 5-7
所示。

background.jpg　　planeNormal_1.jpg　　planeNormal_2.jpg　　bullet1.jpg　bullet2.jpg

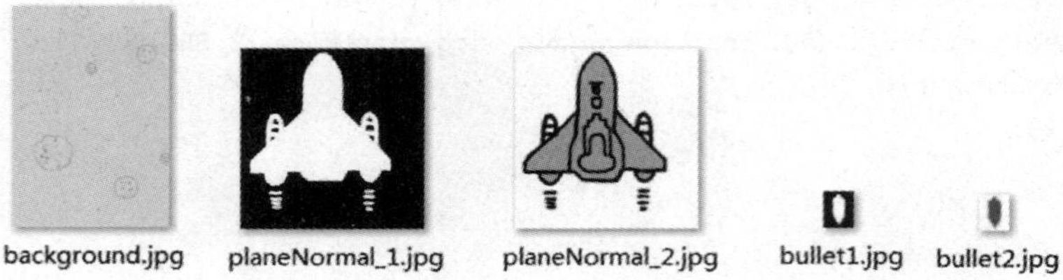

图 5-7　背景、飞机、子弹图片素材

```c
# include <graphics.h>
# include <conio.h>

// 引用 Windows Multimedia API
# pragma comment(lib,"Winmm.lib")

# define High 864                                         // 游戏画面尺寸
# define Width 591

IMAGE img_bk;                                             // 背景图片
int position_x,position_y;                                // 飞机的位置
int bullet_x,bullet_y;                                    // 子弹的位置
IMAGE img_planeNormal1,img_planeNormal2;                  // 飞机图片
IMAGE img_bullet1,img_bullet2;                            // 子弹图片

void startup()
{
    initgraph(Width,High);
    loadimage(&img_bk, "D:\\background.jpg");
    loadimage(&img_planeNormal1, "D:\\planeNormal_1.jpg");
    loadimage(&img_planeNormal2, "D:\\planeNormal_2.jpg");
    loadimage(&img_bullet1, "D:\\bullet1.jpg");
    loadimage(&img_bullet2, "D:\\bullet2.jpg");
    position_x = Width * 0.5;
    position_y = High * 0.7;
    bullet_x = position_x;
    bullet_y = -85;
    BeginBatchDraw();
}

void show()
{
    putimage(0, 0, &img_bk);                                              // 显示背景
    putimage(position_x-50, position_y-60, &img_planeNormal1,NOTSRCERASE);  // 显示飞机
    putimage(position_x-50, position_y-60, &img_planeNormal2,SRCINVERT);
    putimage(bullet_x-7, bullet_y, &img_bullet1,NOTSRCERASE);              // 显示子弹
    putimage(bullet_x-7, bullet_y, &img_bullet2,SRCINVERT);
    FlushBatchDraw();
    Sleep(2);
}
```

```
void updateWithoutInput()
{
    if (bullet_y > - 25)
        bullet_y = bullet_y - 3;
}


void updateWithInput()
{
    MOUSEMSG m;                                  // 定义鼠标消息
    while (MouseHit())                           // 这个函数用于检测当前是否有鼠标消息
    {
        m = GetMouseMsg();
        if(m.uMsg == WM_MOUSEMOVE)
        {
            // 飞机的位置等于鼠标所在的位置
            position_x = m.x;
            position_y = m.y;
        }
        else if (m.uMsg == WM_LBUTTONDOWN)
        {
            // 按下鼠标左键发射子弹
            bullet_x = position_x;
            bullet_y = position_y - 85;
        }
    }
}


void gameover()
{
    EndBatchDraw();
    getch();
    closegraph();
}


int main()
{
    startup();                                   // 数据的初始化
    while (1)                                     // 游戏循环执行
    {
        show();                                   // 显示画面
        updateWithoutInput();                     // 与用户输入无关的更新
        updateWithInput();                        // 与用户输入有关的更新
    }
    gameover();                                   // 游戏结束,进行后续处理
    return 0;
}
```

5.2.3　增加敌机

第三步增加敌机自动向下运动,从下边界消失后会重新出现,敌机图片为 enemyPlane1.jpg、enemyPlane2.jpg,如图 5-8 所示。

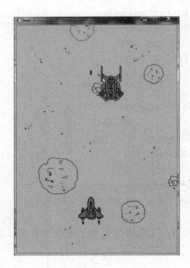

enemyPlane1.jpg

enemyPlane2.jpg

图 5-8　增加敌机效果

```
#include <graphics.h>
#include <conio.h>

// 引用 Windows Multimedia API
#pragma comment(lib,"Winmm.lib")

#define High 864                                      // 游戏画面尺寸
#define Width 591

IMAGE img_bk;                                         // 背景图片
int position_x,position_y;                            // 飞机的位置
int bullet_x,bullet_y;                                // 子弹的位置
float enemy_x,enemy_y;                                // 敌机的位置
IMAGE img_planeNormal1,img_planeNormal2;              // 飞机图片
IMAGE img_bullet1,img_bullet2;                        // 子弹图片
IMAGE img_enemyPlane1,img_enemyPlane2;                // 敌机图片

void startup()
{
    initgraph(Width,High);
    loadimage(&img_bk, "D:\\background.jpg");
    loadimage(&img_planeNormal1, "D:\\planeNormal_1.jpg");
    loadimage(&img_planeNormal2, "D:\\planeNormal_2.jpg");
    loadimage(&img_bullet1, "D:\\bullet1.jpg");
    loadimage(&img_bullet2, "D:\\bullet2.jpg");
    loadimage(&img_enemyPlane1, "D:\\enemyPlane1.jpg");
    loadimage(&img_enemyPlane2, "D:\\enemyPlane2.jpg");
    position_x = Width * 0.5;
    position_y = High * 0.7;
    bullet_x = position_x;
    bullet_y = -85;
    enemy_x = Width * 0.5;
```

```
        enemy_y = 10;
        BeginBatchDraw();
}

void show()
{
        putimage(0, 0, &img_bk);                                              // 显示背景
        putimage(position_x - 50, position_y - 60, &img_planeNormal1,NOTSRCERASE);  // 显示飞机
        putimage(position_x - 50, position_y - 60, &img_planeNormal2,SRCINVERT);
        putimage(bullet_x - 7, bullet_y, &img_bullet1,NOTSRCERASE);           // 显示子弹
        putimage(bullet_x - 7, bullet_y, &img_bullet2,SRCINVERT);
        putimage(enemy_x, enemy_y, &img_enemyPlane1,NOTSRCERASE);             // 显示敌机
        putimage(enemy_x, enemy_y, &img_enemyPlane2,SRCINVERT);
        FlushBatchDraw();
        Sleep(2);
}

void updateWithoutInput()
{
        if (bullet_y > - 25)
            bullet_y = bullet_y - 3;
        if (enemy_y < High - 25)
            enemy_y = enemy_y + 0.5;
        else
            enemy_y = 10;
}

void updateWithInput()
{
        MOUSEMSG m;                             // 定义鼠标消息
        while (MouseHit())                      // 这个函数用于检测当前是否有鼠标消息
        {
            m = GetMouseMsg();
            if(m.uMsg == WM_MOUSEMOVE)
            {
                // 飞机的位置等于鼠标所在的位置
                position_x = m.x;
                position_y = m.y;
            }
            else if (m.uMsg == WM_LBUTTONDOWN)
            {
                // 按下鼠标左键发射子弹
                bullet_x = position_x;
                bullet_y = position_y - 85;
            }
        }
}

void gameover()
{
        EndBatchDraw();
```

```
        getch();
        closegraph();
    }

    int main()
    {
        startup();                          // 数据的初始化
        while (1)                           // 游戏循环执行
        {
            show();                         // 显示画面
            updateWithoutInput();           // 与用户输入无关的更新
            updateWithInput();              // 与用户输入有关的更新
        }
        gameover();                         // 游戏结束,进行后续处理
        return 0;
    }
```

5.2.4　判断胜败

第四步增加子弹击中敌机、敌机撞击我机的判断,并增加我机爆炸的图片效果。

```
#include <graphics.h>
#include <conio.h>
#include <math.h>

// 引用 Windows Multimedia API
#pragma comment(lib,"Winmm.lib")

#define High 864                            // 游戏画面尺寸
#define Width 591

IMAGE img_bk;                               // 背景图片
float position_x,position_y;                // 飞机的位置
float bullet_x,bullet_y;                    // 子弹的位置
float enemy_x,enemy_y;                      // 敌机的位置
IMAGE img_planeNormal1,img_planeNormal2;    // 正常飞机图片
IMAGE img_planeExplode1,img_planeExplode2;  // 爆炸飞机图片
IMAGE img_bullet1,img_bullet2;              // 子弹图片
IMAGE img_enemyPlane1,img_enemyPlane2;      // 敌机图片
int isExpolde = 0;                          // 飞机是否爆炸

void startup()
{
    initgraph(Width,High);
    loadimage(&img_bk, "D:\\background.jpg");
    loadimage(&img_planeNormal1, "D:\\planeNormal_1.jpg");
    loadimage(&img_planeNormal2, "D:\\planeNormal_2.jpg");
    loadimage(&img_bullet1, "D:\\bullet1.jpg");
    loadimage(&img_bullet2, "D:\\bullet2.jpg");
    loadimage(&img_enemyPlane1, "D:\\enemyPlane1.jpg");
    loadimage(&img_enemyPlane2, "D:\\enemyPlane2.jpg");
```

```
        loadimage(&img_planeExplode1, "D:\\planeExplode_1.jpg");
        loadimage(&img_planeExplode2, "D:\\planeExplode_2.jpg");
        position_x = Width * 0.5;
        position_y = High * 0.7;
        bullet_x = position_x;
        bullet_y = -85;
        enemy_x = Width * 0.5;
        enemy_y = 10;
        BeginBatchDraw();
}


void show()
{
        putimage(0, 0, &img_bk);                            // 显示背景
        if (isExpolde == 0)
        {
                putimage(position_x - 50, position_y - 60, &img_planeNormal1,NOTSRCERASE);
                                                            //显示正常飞机
                putimage(position_x - 50, position_y - 60, &img_planeNormal2,SRCINVERT);

                putimage(bullet_x - 7, bullet_y, &img_bullet1,NOTSRCERASE);     // 显示子弹
                putimage(bullet_x - 7, bullet_y, &img_bullet2,SRCINVERT);
                putimage(enemy_x, enemy_y, &img_enemyPlane1,NOTSRCERASE);       // 显示敌机
                putimage(enemy_x, enemy_y, &img_enemyPlane2,SRCINVERT);
        }
        else
        {
                putimage(position_x - 50, position_y - 60, &img_planeExplode1,NOTSRCERASE);
                                                            //显示爆炸飞机
                putimage(position_x - 50, position_y - 60, &img_planeExplode2,SRCINVERT);
        }
        FlushBatchDraw();
        Sleep(2);
}


void updateWithoutInput()
{
        if (bullet_y > -25)
                bullet_y = bullet_y - 2;
        if (enemy_y < High - 25)
                enemy_y = enemy_y + 0.5;
        else
                enemy_y = 10;
        if (abs(bullet_x - enemy_x) + abs(bullet_y - enemy_y) < 50)        // 子弹击中敌机
        {
                enemy_x = rand() % Width;
                enemy_y = -40;
                bullet_y = -85;
        }
        if (abs(position_x - enemy_x) + abs(position_y - enemy_y) < 150)   // 敌机撞击我机
                isExpolde = 1;
```

```
    }

    void updateWithInput()
    {
        MOUSEMSG m;                            // 定义鼠标消息
        while (MouseHit())                     // 这个函数用于检测当前是否有鼠标消息
        {
            m = GetMouseMsg();
            if(m.uMsg == WM_MOUSEMOVE)
            {
                // 飞机的位置等于鼠标所在的位置
                position_x = m.x;
                position_y = m.y;
            }
            else if (m.uMsg == WM_LBUTTONDOWN)
            {
                // 按下鼠标左键发射子弹
                bullet_x = position_x;
                bullet_y = position_y-85;
            }
        }
    }

    void gameover()
    {
        EndBatchDraw();
        getch();
        closegraph();
    }

    int main()
    {
        startup();                             // 数据的初始化
        while (1)                              // 游戏循环执行
        {
            show();                            // 显示画面
            updateWithoutInput();              // 与用户输入无关的更新
            updateWithInput();                 // 与用户输入有关的更新
        }
        gameover();                            // 游戏结束,进行后续处理
        return 0;
    }
```

5.2.5　增加音效

第五步增加背景音乐、发射子弹音效、飞机爆炸音效、得分鼓励音效,最终效果参看"\随书资源\第 5 章\5.2 飞机大战\5.2 飞机大战视频.wmv"。

```
# include < graphics. h>
# include < conio. h>
```

```
# include < math. h >
# include < stdio. h >

// 引用 Windows Multimedia API
# pragma comment(lib,"Winmm.lib")

# define High 800                          // 游戏画面尺寸
# define Width 590

IMAGE img_bk;                              // 背景图片
float position_x,position_y;               // 飞机的位置
float bullet_x,bullet_y;                   // 子弹的位置
float enemy_x,enemy_y;                     // 敌机的位置
IMAGE img_planeNormal1,img_planeNormal2;   // 正常飞机图片
IMAGE img_planeExplode1,img_planeExplode2; // 爆炸飞机图片
IMAGE img_bullet1,img_bullet2;             // 子弹图片
IMAGE img_enemyPlane1,img_enemyPlane2;     // 敌机图片
int isExpolde = 0;                         // 飞机是否爆炸
int score = 0;                             // 得分

void startup()
{
    mciSendString("open D:\\game_music.mp3 alias bkmusic", NULL, 0, NULL);  // 打开背景音乐
    mciSendString("play bkmusic repeat", NULL, 0, NULL);    // 循环播放
    initgraph(Width,High);
    loadimage(&img_bk, "D:\\background.jpg");
    loadimage(&img_planeNormal1, "D:\\planeNormal_1.jpg");
    loadimage(&img_planeNormal2, "D:\\planeNormal_2.jpg");
    loadimage(&img_bullet1, "D:\\bullet1.jpg");
    loadimage(&img_bullet2, "D:\\bullet2.jpg");
    loadimage(&img_enemyPlane1, "D:\\enemyPlane1.jpg");
    loadimage(&img_enemyPlane2, "D:\\enemyPlane2.jpg");
    loadimage(&img_planeExplode1, "D:\\planeExplode_1.jpg");
    loadimage(&img_planeExplode2, "D:\\planeExplode_2.jpg");
    position_x = Width * 0.5;
    position_y = High * 0.7;
    bullet_x = position_x;
    bullet_y = - 85;
    enemy_x = Width * 0.5;
    enemy_y = 10;
    BeginBatchDraw();
}


void show()
{
    putimage(0, 0, &img_bk);                              // 显示背景
    if (isExpolde == 0)
    {
        putimage(position_x - 50, position_y - 60, &img_planeNormal1,NOTSRCERASE);
                                                          //显示正常飞机
        putimage(position_x - 50, position_y - 60, &img_planeNormal2,SRCINVERT);
```

```
            putimage(bullet_x - 7, bullet_y, &img_bullet1,NOTSRCERASE);              // 显示子弹
            putimage(bullet_x - 7, bullet_y, &img_bullet2,SRCINVERT);
            putimage(enemy_x, enemy_y, &img_enemyPlane1,NOTSRCERASE);                 // 显示敌机
            putimage(enemy_x, enemy_y, &img_enemyPlane2,SRCINVERT);
        }
        else
        {
            putimage(position_x - 50, position_y - 60, &img_planeExplode1,NOTSRCERASE);
                                                        // 显示爆炸飞机
            putimage(position_x - 50, position_y - 60, &img_planeExplode2,SRCINVERT);
        }
    outtextxy(Width * 0.48, High * 0.95, "得分: ");
    char s[5];
    sprintf(s, "% d", score);
    outtextxy(Width * 0.55, High * 0.95, s);
    FlushBatchDraw();
    Sleep(2);
}


void updateWithoutInput()
{
    if (isExpolde == 0)
    {
        if (bullet_y > - 25)
            bullet_y = bullet_y - 2;

        if (enemy_y < High - 25)
            enemy_y = enemy_y + 0.5;
        else
            enemy_y = 10;
        if (abs(bullet_x - enemy_x) + abs(bullet_y - enemy_y) < 80)              // 子弹击中敌机
        {
            enemy_x = rand() % Width;
            enemy_y = - 40;
            bullet_y = - 85;
            mciSendString("close gemusic", NULL, 0, NULL);          // 先把前面一次的音乐关闭
            mciSendString("open D:\\gotEnemy.mp3 alias gemusic", NULL, 0, NULL);
                                                                    //打开音乐
            mciSendString("play gemusic", NULL, 0, NULL); // 仅播放一次
            score++;
            if (score > 0 && score % 5 == 0 && score % 2!= 0)
            {
                mciSendString("close 5music", NULL, 0, NULL);       // 先把前面一次的音乐关闭
                mciSendString("open D:\\5.mp3 alias 5music", NULL, 0, NULL); // 打开音乐
                mciSendString("play 5music", NULL, 0, NULL);              // 仅播放一次
            }
            if (score % 10 == 0)
            {
                mciSendString("close 10music", NULL, 0, NULL);      // 先把前面一次的音乐关闭
```

```
                    mciSendString("open D:\\10.mp3 alias 10music", NULL, 0, NULL);      // 打开音乐
                    mciSendString("play 10music", NULL, 0, NULL);                       // 仅播放一次
                }
            }

            if (abs(position_x - enemy_x) + abs(position_y - enemy_y) < 150)      // 敌机撞击我机
            {
                isExpolde = 1;
                mciSendString("close exmusic", NULL, 0, NULL);            // 先把前面一次的音乐关闭
                mciSendString("open D:\\explode.mp3 alias exmusic", NULL, 0, NULL);  // 打开音乐
                mciSendString("play exmusic", NULL, 0, NULL);                       // 仅播放一次
            }
        }
    }
}


void updateWithInput()
{
    if (isExpolde == 0)
    {
        MOUSEMSG m;                                    // 定义鼠标消息
        while (MouseHit())                             // 这个函数用于检测当前是否有鼠标消息
        {
            m = GetMouseMsg();
            if(m.uMsg == WM_MOUSEMOVE)
            {
                // 飞机的位置等于鼠标所在的位置
                position_x = m.x;
                position_y = m.y;
            }
            else if (m.uMsg == WM_LBUTTONDOWN)
            {
                // 按下鼠标左键发射子弹
                bullet_x = position_x;
                bullet_y = position_y - 85;
                mciSendString("close fgmusic", NULL, 0, NULL);    // 先把前面一次的音乐关闭
                mciSendString("open D:\\f_gun.mp3 alias fgmusic", NULL, 0, NULL); // 打开
                                                                          // 音乐
                mciSendString("play fgmusic", NULL, 0, NULL);             // 仅播放一次
            }
        }
    }
}


void gameover()
{
    EndBatchDraw();
    getch();
    closegraph();
```

```
}

int main()
{
    startup();                              // 数据的初始化
    while (1)                               // 游戏循环执行
    {
        show();                             // 显示画面
        updateWithoutInput();               // 与用户输入无关的更新
        updateWithInput();                  // 与用户输入有关的更新
    }
    gameover();                             // 游戏结束,进行后续处理
    return 0;
}
```

5.2.6　小结

这个飞机大战游戏会不会让你忍不住向其他同学、朋友展示,别着急,还可以实现更好玩的效果。

思考题:

1. 尝试实现子弹的升级,例如激光、散弹等。
2. 增加敌机的种类和数目,让游戏更有挑战性。
3. 增加敌机 boss。

5.3　复杂动画效果

目前我们开发的游戏角色仅通过改变图片坐标实现简单的平移,利用 EasyX 的 rotateimage、resize 函数也可以实现图片的旋转、缩放,然而很多游戏需要实现角色行走、跳跃、格斗等复杂动作,仅靠图片的平移、旋转、缩放是无法实现的。

回想电影播放的原理,连续播放多张图片通过视觉残留产生运动感觉,如图 5-9 所示。本节采用同样的原理实现复杂动画效果,代码和素材参看"\随书资源\第 5 章\5.3 复杂动画效果\"。

图 5-9　动画原理

5.3.1　小人原地行走

在线搜索"小人行走游戏素材图片"可以得到很多分解动作的素材图片,直接将此图片

在程序中显示，效果如图 5-10 所示。

图 5-10 分解动作素材图片

```c
#include <graphics.h>
#include <conio.h>
int main()
{
    initgraph(300, 300);
    IMAGE img_human;                              // 定义 IMAGE 对象
    loadimage(&img_human, "D:\\行走素材图.jpg");    // 读取图片到 IMAGE 对象中
    putimage(0, 0, &img_human);                   // 在坐标 (0, 0) 位置显示 IMAGE 对象
    getch();
    closegraph();
    return 0;
}
```

查看 EaysX 的帮助文件，发现 putimage 函数也可以显示图片的局部内容。

```c
void putimage(
    int dstX,                          // 绘制位置的 x 坐标
    int dstY,                          // 绘制位置的 y 坐标
    int dstWidth,                      // 绘制的宽度
    int dstHeight,                     // 绘制的高度
    IMAGE * pSrcImg,                   // 要绘制的 IMAGE 对象指针
    int srcX,                          // 绘制内容在 IMAGE 对象中的左上角 x 坐标
    int srcY,                          // 绘制内容在 IMAGE 对象中的左上角 y 坐标
    DWORD dwRop = SRCCOPY              // 三元光栅操作码
);
```

修改代码，只显示最左上角的小人图片，如图 5-11 所示，具体位置信息可在画图软件中交互得到。

图 5-11 仅显示最左上角的小人图片

```c
#include <graphics.h>
#include <conio.h>
int main()
{
    initgraph(300, 150);
    IMAGE img_human;                                 // 定义 IMAGE 对象
    loadimage(&img_human, "D:\\行走素材图.jpg"); // 读取图片到 IMAGE 对象中
    putimage(0,0,75,130,&img_human,0,0);            // 在坐标 (0, 0) 位置显示 IMAGE 对象
    getch();
    closegraph();
    return 0;
}
```

利用循环语句依次显示第一排的 4 个小人图片,得到小人原地行走的动画效果。

```c
#include <graphics.h>
#include <conio.h>
int main()
{
    initgraph(300, 150);
    IMAGE img_human;                                 // 定义 IMAGE 对象
    loadimage(&img_human, "D:\\行走素材图.jpg"); // 读取图片到 IMAGE 对象中
    int i;
    while (1)
    {
        for (i = 0;i < 4;i++)
        {
            putimage(0,0,75,130,&img_human,i * 75,0);        // 在坐标(0, 0)位置显示 IMAGE
            Sleep(100);
        }
    }
    getch();
    closegraph();
    return 0;
}
```

5.3.2　控制小人移动

实现玩家控制小人左右移动,同时播放相应的行走动画序列,效果如图 5-12 所示。注意小人局部动画循环、全局位置坐标改变,需要用不同的变量来标记。

图 5-12　控制行走小人效果

```c
# include < graphics. h >
# include < conio. h >
int main()
{
    initgraph(500, 200);
    IMAGE img_human;                                    // 定义 IMAGE 对象
    loadimage(&img_human, "D:\\行走素材图.jpg");
    int x,y;                                            // 小人整体的坐标位置
    x = 250;
    y = 50;
    int left_i = 0;                                     // 向左行走动画的序号
    int right_i = 0;                                    // 向右行走动画的序号
    char input;

    putimage(x,y,75,130,&img_human,0,0);
    BeginBatchDraw();

    while (1)
    {
        if(kbhit())                                     // 判断是否有输入
        {
            input = getch();                            // 根据用户的不同输入来移动,不必输入回车
            if (input == 'a')                           // 左移
            {
                clearrectangle(x,y,x + 75,y + 130);     // 清空画面中的全部矩形区域
                left_i++;
                x = x - 10;
                putimage(x,y,75,130,&img_human,left_i * 75,0);
                FlushBatchDraw();
                Sleep(1);
                if (left_i == 3)
                    left_i = 0;
            }
            else if (input == 'd')                      // 右移
            {
                clearrectangle(x,y,x + 75,y + 130);     // 清空画面中的全部矩形区域
                right_i++;
                x = x + 10;
                putimage(x,y,75,130,&img_human,right_i * 75,120);
                FlushBatchDraw();
                Sleep(1);
                if (right_i == 3)
                    right_i = 0;
            }
        }
    }
    return 0;
}
```

以上代码也可以进一步使用函数封装,对应的图片数值也可以用标识符代替,使得代码更加清晰。另外,对应的掩码图也可用类似的方法处理。

5.3.3　构建动态地图

定义二维数组 int maps[8][5]存储地图信息,元素值为 0 表示空地,为 1 表示墙;对二维数组遍历,元素值为 1 就在对应位置输出正方形的墙砖图片;另外,当判断小人碰到墙时,不允许它继续改变位置,最终效果如图 5-13 所示,游戏代码参看"\随书资源\第 5 章\ 5.3 复杂动画效果\ 5.3 复杂动画效果.wmv"。

walls.gif

图 5-13　构建动态地图效果

```c
# include < graphics.h >
# include < conio.h >
int main()
{
    initgraph(480, 300);
    IMAGE img_human,img_walls;                    // 定义 IMAGE 对象
    loadimage(&img_human, "D:\\行走素材图.jpg");
    loadimage(&img_walls, "D:\\walls.gif");
    int x,y;                                       // 小人整体的坐标位置
    x = 250;
    y = 80;
    int left_i = 0;                                // 向左行走动画的序号
    int right_i = 0;                               // 向右行走动画的序号
    char input;

    int maps[8][5] = {0};                          // 存储地图信息,0 为空地,1 为墙
    int i,j;
    // 以下让地图的 4 个边界为墙
    for (i = 0;i < 8;i++)
    {
        maps[i][0] = 1;
        maps[i][4] = 1;
    }
    for (j = 0;j < 5;j++)
    {
        maps[0][j] = 1;
        maps[7][j] = 1;
    }

    // 显示地图图案
    for (i = 0;i < 8;i++)
        for (j = 0;j < 5;j++)
```

```
            if (maps[i][j] == 1)
                    putimage(i * 60, j * 60, &img_walls);

    putimage(x, y, 75, 130, &img_human, 0, 0);
    BeginBatchDraw();

    while (1)
    {
        if(kbhit())                            // 判断是否有输入
        {
            input = getch();                   // 根据用户的不同输入来移动,不必输入回车
            if (input == 'a')                  // 左移
            {
                clearrectangle(x, y, x + 75, y + 130); // 清空画面中的全部矩形区域
                left_i++;
                if (x > 60)                    // 没有达到左边的墙才移动小人的坐标
                    x = x - 10;
                putimage(x, y, 75, 130, &img_human, left_i * 75, 0);
                FlushBatchDraw();
                Sleep(1);
                if (left_i == 3)
                    left_i = 0;
            }
            else if (input == 'd')             // 右移
            {
                clearrectangle(x, y, x + 75, y + 130); // 清空画面中的全部矩形区域
                right_i++;
                if (x < 340)                   // 没有达到右边的墙才移动小人的坐标
                    x = x + 10;
                putimage(x, y, 75, 130, &img_human, right_i * 75, 120);
                FlushBatchDraw();
                Sleep(1);
                if (right_i == 3)
                    right_i = 0;
            }
        }
    }
    return 0;
}
```

　　读者也可以尝试添加金币图片,小人经过后金币消失、钱数增加;增加敌人图标,经过后进入战斗画面。利用二维数组存储地图的方法也非常适合用于扫雷、2048、炸弹人等逐格显示控制的游戏。二维数组不仅可用于画面信息的储存,也可用于游戏逻辑判断、交互控制等模块。

5.3.4　小结

　　在学会实现复杂动画效果之后,很多游戏都可以着手实现了,不要犹豫,马上开始吧。
　　思考题:
　　1. 实现一个走迷宫的小游戏。
　　2. 实现炸弹人游戏原型。

3. 实现坦克大战游戏原型。

4. 实现超级玛丽游戏原型。

5. 实现口袋妖怪游戏原型。

5.4 双人游戏

不少游戏是玩家之间相互对抗,本节和大家一起学习双人对战游戏的开发,代码参看"\随书资源\第5章\5.4 双人游戏\ 5.4 双人反弹球.cpp",效果如图 5-14 所示。

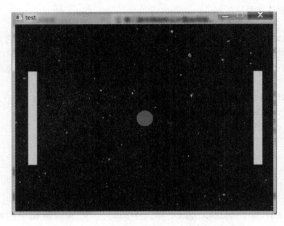

图 5-14 双人反弹球游戏效果

5.4.1 双人输入的问题

假设有两个小球,如图 5-15 所示,尝试实现一个玩家用 a、s、d、w 键控制绿球的移动,另一个玩家用小键盘上的 4、5、6、8 键控制红球的移动。

图 5-15 两个小球的双人控制

```
# include <conio.h>
# include <graphics.h>
```

```
#define High 480                              // 游戏画面尺寸
#define Width 640
// 全局变量
int ball1_x,ball1_y;                          // 小球 1 的坐标
int ball2_x,ball2_y;                          // 小球 2 的坐标
int radius;

void startup()                                // 数据的初始化
{
    ball1_x = Width/3;
    ball1_y = High/3;
    ball2_x = Width * 2/3;
    ball2_y = High * 2/3;
    radius = 20;
    initgraph(Width,High);
    BeginBatchDraw();
}

void clean()                                  // 消除画面
{
    setcolor(BLACK);
    setfillcolor(BLACK);
    fillcircle(ball1_x, ball1_y, radius);
    fillcircle(ball2_x, ball2_y, radius);
}

void show()                                   // 显示画面
{
    setcolor(GREEN);
    setfillcolor(GREEN);
    fillcircle(ball1_x, ball1_y, radius);     // 绘制绿圆
    setcolor(RED);
    setfillcolor(RED);
    fillcircle(ball2_x, ball2_y, radius);     // 绘制红圆
    FlushBatchDraw();
    // 延时
    Sleep(3);
}

void updateWithoutInput()                     // 与用户输入无关的更新
{
}

void updateWithInput()                        // 与用户输入有关的更新
{
    char input;
    if(kbhit())                               // 判断是否有输入
    {
        input = getch();                      // 根据用户的不同输入来移动
        int step = 10;
```

```
        if (input == 'a')
            ball1_x -= step;
        if (input == 'd')
            ball1_x += step;
        if (input == 'w')
            ball1_y -= step;
        if (input == 's')
            ball1_y += step;

        if (input == '4')
            ball2_x -= step;
        if (input == '6')
            ball2_x += step;
        if (input == '8')
            ball2_y -= step;
        if (input == '5')
            ball2_y += step;
    }
}

void gameover()
{
    EndBatchDraw();
    closegraph();
}

int main()
{
    startup();                              // 数据的初始化
    while (1)                               // 游戏循环执行
    {
        clean();                            // 把之前绘制的内容取消
        updateWithoutInput();               // 与用户输入无关的更新
        updateWithInput();                  // 与用户输入有关的更新
        show();                             // 显示新画面
    }
    gameover();                             // 游戏结束,进行后续处理
    return 0;
}
```

运行以上程序,发现不能同时控制,一个玩家的按键会屏蔽另一个玩家的输入。

5.4.2 异步输入函数

利用 Windows API 中的 GetAsyncKeyState 函数(♯include < windows.h >)可以同时识别两个按键被按下的情况。两个玩家分别用 a 键、左方向键控制,可以写成:

```
if ((GetAsyncKeyState(0x41) & 0x8000))        //a
    ball1_x -= step;
if ((GetAsyncKeyState(VK_LEFT) & 0x8000))     // 左方向键
    ball2_x -= step;
```

其中，0x41 为字符'a'的十六进制 ASCII 码，VK_LEFT 为左方向键的虚拟键值。
双人分别控制两个小球可修改代码如下：

```
void updateWithInput()                             // 与用户输入有关的更新
{
    int step = 1;
    if ((GetAsyncKeyState(0x41) & 0x8000))         //a
        ball1_x -= step;
    if ((GetAsyncKeyState(0x44) & 0x8000))         //d
        ball1_x += step;
    if (GetAsyncKeyState(0x57) & 0x8000 )          // w
        ball1_y -= step;
    if ((GetAsyncKeyState(0x53) & 0x8000))         //s
        ball1_y += step;
    if ((GetAsyncKeyState(VK_LEFT) & 0x8000))      // 左方向键
        ball2_x -= step;
    if ((GetAsyncKeyState(VK_RIGHT) & 0x8000))     // 右方向键
        ball2_x += step;
    if ((GetAsyncKeyState(VK_UP) & 0x8000))        // 上方向键
        ball2_y -= step;
    if ((GetAsyncKeyState(VK_DOWN) & 0x8000))      // 下方向键
        ball2_y += step;
}
```

5.4.3　双人反弹球

在上面内容的基础上实现双人分别控制左、右挡板的反弹球游戏，如图 5-16 所示，效果
参看"\随书资源\第 5 章\5.4 双人游戏\ 5.4 双人反弹球.wmv"。

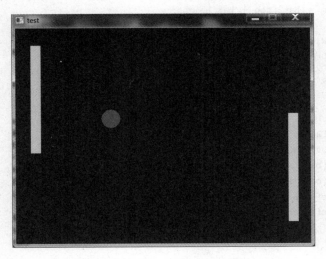

图 5-16　双人反弹球游戏效果

```
# include < conio. h >
# include < graphics. h >
# include < windows. h >
```

```
# define High 480                                    // 游戏画面尺寸
# define Width 640
// 全局变量
int ball_x, ball_y;                                  // 小球的坐标
int ball_vx, ball_vy;                                // 小球的速度
int radius;                                          // 小球的半径
int bar1_left, bar1_right, bar1_top, bar1_bottom;    // 挡板 1 的上下左右位置坐标
int bar2_left, bar2_right, bar2_top, bar2_bottom;    // 挡板 2 的上下左右位置坐标
int bar_height, bar_width;                           // 挡板的高度、宽度

void startup()                                       // 数据的初始化
{
    ball_x = Width/2;
    ball_y = High/2;
    ball_vx = 1;
    ball_vy = 1;
    radius = 20;

    bar_width = Width/30;
    bar_height = High/2;

    bar1_left = Width * 1/20;
    bar1_top = High/4;
    bar1_right = bar1_left + bar_width;
    bar1_bottom = bar1_top + bar_height;

    bar2_left = Width * 18.5/20;
    bar2_top = High/4;
    bar2_right = bar2_left + bar_width;
    bar2_bottom = bar2_top + bar_height;

    initgraph(Width, High);
    BeginBatchDraw();
}


void clean()                                         // 消除画面
{
    setcolor(BLACK);
    setfillcolor(BLACK);
    fillcircle(ball_x, ball_y, radius);
    fillcircle(ball_x, ball_y, radius);
    bar(bar1_left, bar1_top, bar1_right, bar1_bottom);
    bar(bar2_left, bar2_top, bar2_right, bar2_bottom);
}

void show()                                          // 显示画面
{
    setcolor(GREEN);
    setfillcolor(GREEN);
    fillcircle(ball_x, ball_y, radius);              // 绘制绿圆
```

```
        setcolor(YELLOW);
        setfillcolor(YELLOW);
        bar(bar1_left,bar1_top,bar1_right,bar1_bottom);// 绘制黄色挡板
        bar(bar2_left,bar2_top,bar2_right,bar2_bottom);

        FlushBatchDraw();
        // 延时
        Sleep(3);
}

void updateWithoutInput()                          // 与用户输入无关的更新
{
        // 挡板和小圆碰撞,小圆反弹
        if (ball_x + radius >= bar2_left && ball_y + radius >= bar2_top && ball_y + radius <= bar2_
bottom)
              ball_vx = - ball_vx;
        else if (ball_x - radius <= bar1_right && ball_y + radius >= bar1_top && ball_y + radius <=
bar1_bottom)
              ball_vx = - ball_vx;

        // 更新小圆的坐标
        ball_x = ball_x + ball_vx;
        ball_y = ball_y + ball_vy;

        if ((ball_x <= radius)||(ball_x >= Width - radius))
              ball_vx = - ball_vx;
        if ((ball_y <= radius)||(ball_y >= High - radius))
              ball_vy = - ball_vy;
}

void updateWithInput()                             // 与用户输入有关的更新
{
        int step = 1;
        if (GetAsyncKeyState(0x57) & 0x8000 )      // w
              bar1_top -= step;
        if ((GetAsyncKeyState(0x53) & 0x8000))     //s
              bar1_top += step;
        if ((GetAsyncKeyState(VK_UP) & 0x8000))    // 上方向键
              bar2_top -= step;
        if ((GetAsyncKeyState(VK_DOWN) & 0x8000))  // 下方向键
              bar2_top += step;

        bar1_bottom = bar1_top + bar_height;
        bar2_bottom = bar2_top + bar_height;
}

void gameover()
{
        EndBatchDraw();
        closegraph();
}
```

```
int main()
{
    startup();                              // 数据的初始化
    while (1)                               // 游戏循环执行
    {
        clean();                            // 把之前绘制的内容取消
        updateWithoutInput();               // 与用户输入无关的更新
        updateWithInput();                  // 与用户输入有关的更新
        show();                             // 显示新画面
    }
    gameover();                             // 游戏结束,进行后续处理
    return 0;
}
```

5.4.4 小结

思考题：

1. 增加判断胜负、分数统计与输出模块。

2. 将游戏中的小球、挡板用更有意思的图片代替,添加碰撞音效。

3. 实现双人坦克大战游戏原型。

4. 实现双人魂斗罗游戏原型。

## 第 6 章

其他语法知识在游戏开发中的应用 ◀

利用之前学习的语法知识已经可以实现游戏开发的大部分功能,利用 C 语言后续的语法知识可以进一步优化代码、实现更多的功能。

在上一章的基础上,学习本章前需要掌握的新语法知识:指针(6.1 节)、字符串(6.2 节)、结构体(6.3 节)、文件(6.4 节)。

下一章需要掌握的语法知识:递归、链表。

6.1 指   针

6.1.1 减少不必要的全局变量

游戏开发中有些变量只需在少数函数中传递、修改数值,在学习指针前只能将其定义为全局变量,造成全局变量过多。

```c
# include < stdio. h>
int score = 5;                                    // 全局变量
void addScore()
{
    score = score + 1;
}
void minusScore()
{
    score = score - 1;
}
void printScore()
{
    printf(" % d\n",score);
}
int main()
{
    addScore();
    printScore();
    minusScore();
    printScore();
    return 0;
}
```

利用指针作为函数的参数可以在函数内部改变参数的值,减少不必要的全局变量。

```
# include < stdio. h>
void addScore( int * sc)
{
    * sc = * sc + 1;
}
void minusScore( int * sc)
{
    * sc = * sc - 1;
}
void printScore( int sc)
{
    printf( " % d\n",sc);
}

int main()
{
    int score = 5;                          // 局部变量
    addScore(&score);
    printScore(score);
    minusScore(&score);
    printScore(score);
    return 0;
}
```

6.1.2　动态二维数组

对于五子棋、扫雷等游戏,经常需要根据用户的选择生成对应大小的棋盘,然而以下直观的代码编译器会报错。

```
int high, width;
scanf( " % d % d ",&high,&width);         // 用户自定义输入长、宽
int canvas[high][width];                   // 编译器报错,定义数组时大小必须是常量
```

利用指针,通过创建二维动态数组可以很好地解决这一问题。

```
# include < stdio. h>
# include < stdlib. h>
int main()
{
    int high, width, i, j;
    scanf( " % d % d",&high,&width);        // 用户自定义输入长、宽

    //分配动态二维数组的内存空间
    int ** canvas = ( int ** )malloc(high * sizeof(int * ));
    for( i = 0; i < high; i++)
        canvas[i] = ( int * )malloc(width * sizeof(int));

    // canvas 可以当成一般二维数组来使用
    for ( i = 0; i < high; i++)
        for ( j = 0; j < width; j++)
```

```
        canvas[i][j] = i + j;

    for (i = 0; i < high; i++)
    {
        for (j = 0; j < width; j++)
            printf(" % d ", canvas[i][j]);
        printf("\n");
    }

    // 使用完清除动态数组的内存空间
    for(i = 0; i < high; i++)
        free(canvas[i]);
    free(canvas);

    return 0;
}
```

6.1.3　小结

思考题：

1. 利用指针尝试改进之前实现的游戏。
2. 尝试实现动态大小的扫雷游戏。

6.2　字　符　串

在游戏开发中经常需要处理用户账户、密码、得分、文件名、对话提示等字符串，也有一些游戏需要专门进行字符串的处理，如加密解密、填字游戏等。

6.2.1　得分的转换与输出

为了将正整数的得分转化为字符串输出，可以采用以下形式。

```
# include < stdio. h >
# include < stdlib. h >
void Int2Str(int x, char * istr)                    // 将正整数 x 转换为字符串 istr
{
    char ch, * p, * t;
    int r;
    p = t = istr;
    while(x > 0)
    {
        r = x % 10;
        x = x/10;
        * p = 48 + r;                               // 数字 0 的 ASCII 码值
        p++;
    }
    * p = '\0';
    p -- ;
```

```
    while(t<p)                              // 将 p 中的字符串倒序排列
    {
        ch = *t;
        *t = *p;
        *p = ch;
        t++;
        p--;
    }
}
int main()
{
    char s[30];
    int score = 15;
    Int2Str(score,s);                       // 使用自定义函数将正整数 x 转换为字符串 istr
    printf("%s\n",s);
    return 0;
}
```

在 5.2 节的飞机大战游戏中利用了 sprintf 函数,也可以方便地进行整数到字符串的转换。

```
char s[5];
sprintf(s, "%d", score);
outtextxy(Width*0.5, High*0.9, s);
```

6.2.2　音乐播放函数的封装

在 5.1 节中每播放一次音乐需要 3 行语句,播放不同音乐需要多次修改文件名及相应名称,如以下代码中的"D:\\Jump.mp3"、"jpmusic"。

```
mciSendString("close jpmusic", NULL, 0, NULL); // 先把前面一次的音乐关闭
mciSendString("open D:\\Jump.mp3 alias jpmusic", NULL, 0, NULL);      // 打开音乐
mciSendString("play jpmusic", NULL, 0, NULL);  // 仅播放一次
```

利用字符串的语法知识可以将播放一次音乐的功能进行函数封装,使得程序主体更加简洁。

```
#include<graphics.h>
#include<conio.h>
#include<string.h>
#pragma comment(lib,"Winmm.lib")
void PlayMusicOnce(char *fileName)
{
    char cmdString1[50] = "open ";
    strcat(cmdString1,fileName);
    strcat(cmdString1," alias tmpmusic");
    mciSendString("close tmpmusic", NULL, 0, NULL);   // 先把前面一次的音乐关闭
    mciSendString(cmdString1, NULL, 0, NULL);         // 打开音乐
    mciSendString("play tmpmusic", NULL, 0, NULL);    // 仅播放一次
}
int main()
```

```
{
    initgraph(640, 480);
    while (1)
    {
        PlayMusicOnce("D:\\Jump.mp3");
        Sleep(1500);
        PlayMusicOnce("D:\\f_gun.mp3");
        Sleep(1500);
    }
    getch();
    return 0;
}
```

6.2.3 静态字符阵列的创建

本节开始尝试实现《黑客帝国》电影中字符雨的动画片头效果，最终效果参看"随书资源\第 6 章\6.2.5 字符雨动画.wmv"。读者可以先自己尝试实现，再参考本书提供的代码。

第一步实现静态字符阵列的创建和输出，如图 6-1 所示。

图 6-1　静态字符阵列显示效果

```
# include < graphics.h >
# include < time.h >
# include < conio.h >

# define High 800                              // 游戏画面尺寸
# define Width 1000
# define CharSize 25                           // 每个字符显示的大小

int main()
```

```
{
    int highNum = High/CharSize;
    int widthNum = Width/CharSize;

    // CharRain 存储对应字符矩阵中需要输出字符的 ASCII 码
    int CharRain[Width/CharSize][High/CharSize];
    int CNum[Width/CharSize];                          // 每一列的有效字符个数
    int i,j,x,y;
    srand((unsigned) time(NULL));                      // 设置随机函数种子

    for (i = 0;i < widthNum;i++)                        // 初始化字符矩阵
    {
        CNum[i] = (rand() % (highNum * 9/10)) + highNum/10;     // 这一列的有效字符个数
        for (j = 0;j < CNum[i];j++)
            CharRain[j][i] = (rand() % 26) + 65;    // 产生 A～Z 的随机 ASCII 码
    }

    initgraph(Width, High);
    BeginBatchDraw();
    setfont(25, 10, "Courier");                        // 设置字体
    setcolor(GREEN);

    for (i = 0;i < widthNum;i++)                        // 输出整个字符矩阵
    {
        x = i * CharSize;                              // 当前字符的 x 坐标
        for (j = 0;j < CNum[i];j++)
        {
            y = j * CharSize;                          // 当前字符的 y 坐标
            outtextxy(x, y, CharRain[j][i]);           // 输出当前字符
        }
    }

    FlushBatchDraw();
    EndBatchDraw();
    getch();
    closegraph();
    return 0;
}
```

6.2.4 一场字符雨

第二步实现每列字符自动下落的动画效果,直到该列字符填满为止,如图 6-2 所示。

```
# include < graphics.h >
# include < time.h >
# include < conio.h >

# define High 800                                      // 游戏画面尺寸
# define Width 1000
# define CharSize 25                                    // 每个字符显示的大小
```

图 6-2　字符自动下落后的效果

```
void main()
{
    int highNum = High/CharSize;
    int widthNum = Width/CharSize;
    // 存储对应字符矩阵中需要输出字符的 ASCII 码
    int CharRain[Width/CharSize][High/CharSize];
    int CNum[Width/CharSize];                        // 每一列的有效字符个数
    int i,j,x,y;
    srand((unsigned) time(NULL));                    // 设置随机函数种子

    for (i = 0;i < widthNum;i++)                      // 初始化字符矩阵
    {
        CNum[i] = (rand() % (highNum * 9/10)) + highNum/10;    // 这一列的有效字符个数
        for (j = 0;j < CNum[i];j++)
            CharRain[j][i] = (rand() % 26) + 65;    // 产生 A~Z 的随机 ASCII 码
    }

    initgraph(Width, High);
    BeginBatchDraw();
    setfont(25, 10, "Courier");                      // 设置字体
    setcolor(RGB(0,255,0));

    // 下面每一帧让字符向下移动,然后最上面产生新的字符
    while (1)
    {
        for (i = 0;i < widthNum;i++)
        {
            if (CNum[i]< highNum - 1)                // 当这一列字符没有填满时
```

```
        {
            for (j = CNum[i] - 1;j > = 0;j -- )        // 每个字符向下移动一格
                CharRain[j + 1][i] = CharRain[j][i];
            CharRain[0][i] = (rand() % 26) + 65;          // 最上一格产生随机 ASCII 码
            CNum[i] = CNum[i] + 1;                    // 这一列的有效字符的个数加 1
        }
    }
    // 输出整个字符矩阵
    for (i = 0;i < widthNum;i++)
    {
        x = i * CharSize;                        // 当前字符的 x 坐标
        for (j = 0;j < CNum[i];j++)
        {
            y = j * CharSize;                    // 当前字符的 y 坐标
            outtextxy(x, y, CharRain[j][i]);        // 输出当前字符
        }
    }
    FlushBatchDraw();
    Sleep(100);
    clearrectangle(0,0,Width - 1,High - 1);         // 清空画面中的全部矩形区域
    }
    EndBatchDraw();
    getch();
    closegraph();
}
```

6.2.5 字符雨动画

第三步,当某列字符填满后使其颜色变暗,再重新生成该列的随机字符,实现无限循环的字符雨动画效果,如图 6-3 所示。最终代码参看"随书资源\第 6 章\6.2.5 字符雨动画.cpp"。

图 6-3 字符雨动画效果

```c
# include <graphics.h>
# include <time.h>
# include <conio.h>
# define High 800                               // 游戏画面尺寸
# define Width 1000
# define CharSize 25                            // 每个字符显示的大小

void main()
{
    int highNum = High/CharSize;
    int widthNum = Width/CharSize;
    // 存储对应字符矩阵中需要输出字符的 ASCII 码
    int CharRain[Width/CharSize][High/CharSize];
    int CNum[Width/CharSize];                    // 每一列的有效字符个数
    int ColorG[Width/CharSize];                  // 每一列字符的颜色
    int i,j,x,y;
    srand((unsigned) time(NULL));                // 设置随机函数种子

    for (i = 0;i < widthNum;i++)                 // 初始化字符矩阵
    {
        CNum[i] = (rand() % (highNum * 9/10)) + highNum/10;   // 这一列的有效字符个数
        ColorG[i] = 255;
        for (j = 0;j < CNum[i];j++)
            CharRain[j][i] = (rand() % 26) + 65; // 产生 A~Z 的随机 ASCII 码
    }
    initgraph(Width, High);
    BeginBatchDraw();
    setfont(25, 10, "Courier");                  // 设置字体

    // 下面每一帧让字符向下移动,然后最上面产生新的字符
    while (1)
    {
        for (i = 0;i < widthNum;i++)
        {
            if (CNum[i]< highNum - 1)            // 当这一列字符没有填满时
            {
                for (j = CNum[i] - 1;j >= 0;j-- )   // 向下移动一格
                    CharRain[j + 1][i] = CharRain[j][i];
                CharRain[0][i] = (rand() % 26) + 65; // 最上面的产生 A~Z 的随机 ASCII 码
                CNum[i] = CNum[i] + 1;            // 这一列的有效字符的个数加 1
            }
            else                                 // 这一列字符已经填满
            {
                if (ColorG[i]> 40)
                    ColorG[i] = ColorG[i] - 20;  // 让满的这一列逐渐变暗
                else
                {
                    CNum[i] = (rand() % (highNum/3)) + highNum/10; // 这一列字符的个数
                    ColorG[i] = (rand() % 75) + 180;              // 这一列字符的颜色
                    for (j = 0;j < CNum[i];j++)   // 重新初始化这一列字符
                        CharRain[j][i] = (rand() % 26) + 65; // 产生 A~Z 的随机 ASCII 码
```

```
            }
        }
    }
    // 输出整个字符矩阵
    for (i = 0;i < widthNum;i++)
    {
        x = i * CharSize;                          // 当前字符的 x 坐标
        for (j = 0;j < CNum[i];j++)
        {
            y = j * CharSize;                      // 当前字符的 y 坐标
            setcolor(RGB(0,ColorG[i],0));
            outtextxy(x, y, CharRain[j][i]);       // 输出当前字符
        }
    }
    FlushBatchDraw();
    Sleep(100);
    clearrectangle(0,0,Width - 1,High - 1);        // 清空画面中的全部矩形区域
}
EndBatchDraw();
getch();
closegraph();
}
```

6.2.6　小结

思考题：

1. 改进之前游戏代码中的字符串处理部分。
2. 尝试将字符雨动画加入到游戏片头中。

6.3　结　构　体

4.2 节多球反弹中 15 个小球的速度、坐标定义如下：

```
float ball_x[15],ball_y[15];                       // 小球的坐标
float ball_vx[15],ball_vy[15];                      // 小球的速度
```

利用结构体可以将一个物体的不同属性集合在一起，使代码更加简洁、直观：

```
struct Ball
{
    float x,y;
    float vx,vy;
}
Ball balls[15];
```

　　本节将利用结构体，参考 EasyX 官网的案例逐步实现一个互动粒子仿真的小程序，如图 6-4 所示。最终代码、视频参看"\随书资源\第 6 章\6.3 互动粒子仿真.cpp、6.3 互动粒子仿真.wmv"。

图 6-4　互动粒子仿真效果

6.3.1　静止小球的初始化与显示

第一步定义小球结构体 Mover，包含颜色、坐标、速度、半径等成员变量，随机初始化结构体数组 Mover movers[NUM_MOVERS]，并在画面中显示，如图 6-5 所示。

图 6-5　静止小球的初始化与显示

```
# include < graphics. h >
# include < math. h >
# include < time. h >

# define WIDTH    1024                                    // 屏幕的宽
# define HEIGHT   768                                     // 屏幕的高
# define NUM_MOVERS800                                    // 小球的数量

// 定义小球结构
struct Mover
{
    COLORREF    color;                                    // 颜色
    float   x,   y;                                       // 坐标
    float   vX,  vY;                                      // 速度
    float        radius;                                  // 半径
};

// 定义全局变量
Movermovers[NUM_MOVERS];                                  // 小球数组

void startup()
{
    // 设置随机种子
    srand((unsigned int)time(NULL));

    // 初始化小球数组
    for (int i = 0; i < NUM_MOVERS; i++)
    {
        movers[i].color = RGB(rand() % 256, rand() % 256, rand() % 256);
        movers[i].x  = rand() % WIDTH;
        movers[i].y  = rand() % HEIGHT;
        movers[i].vX = float(cos(float(i))) * (rand() % 34);
        movers[i].vY = float(sin(float(i))) * (rand() % 34);
        movers[i].radius = (rand() % 34)/15.0;
    }
    initgraph(WIDTH, HEIGHT);
    BeginBatchDraw();
}

void show()
{
    clearrectangle(0,0,WIDTH-1,HEIGHT - 1);               // 清空画面中的全部矩形区域
    for(int i = 0; i < NUM_MOVERS; i++)
    {
        // 画小球
        setcolor(movers[i].color);
        setfillstyle(movers[i].color);
        fillcircle(int(movers[i].x + 0.5), int(movers[i].y + 0.5), int(movers[i].radius
+ 0.5));                                                  // 四舍五入
    }
    FlushBatchDraw();
```

```
        Sleep(2);
}

void updateWithoutInput()
{
}
void updateWithInput()
{
}
void gameover()
{
    EndBatchDraw();
    closegraph();
}

int main()
{
    startup();                              // 数据的初始化
    while (1)                               // 游戏循环执行
    {
        show();                             // 显示画面
        updateWithoutInput();               // 与用户输入无关的更新
        updateWithInput();                  // 与用户输入有关的更新
    }
    gameover();                             // 游戏结束,进行后续处理
    return 0;
}
```

6.3.2　小球的运动与反弹

第二步利用反弹球的实现思路实现所有小球碰到边界后反弹。

```
void updateWithoutInput()
{
    for(int i = 0; i < NUM_MOVERS; i++)         // 对所有小球遍历
    {
        float x = movers[i].x;                  // 当前小球的坐标
        float y = movers[i].y;
        float vX = movers[i].vX;                // 当前小球的速度
        float vY = movers[i].vY;

        // 根据"位置 + 速度"更新小球的坐标
        float nextX = x + vX;
        float nextY = y + vY;

        // 如果小球超过上、下、左、右 4 个边界,将位置设为边界处,速度反向
        if(nextX > WIDTH)
        {
            nextX = WIDTH;
            vX = -1 * vX;
        }
```

```
        else if (nextX < 0)
        {
            nextX = 0;
            vX = - 1 * vX;
        }
        if(nextY > HEIGHT)
        {
            nextY = HEIGHT;
            vY = - 1 * vY;
        }
        else if (nextY < 0)
        {
            nextY = 0;
            vY = - 1 * vY;
        }

        // 更新小球位置、速度的结构体数组
        movers[i].vX = vX;
        movers[i].vY = vY;
        movers[i].x = nextX;
        movers[i].y = nextY;
    }
}
```

6.3.3 小球运动的规范化

第三步加入阻尼,模拟真实世界中运动物体受摩擦力逐渐变慢的效果;为了避免小球绝对静止,当小球速度过小时使其速度增大;修改小球的半径,速度越大则半径越大。

```
#define  FRICTION    0.96f                    // 摩擦力、阻尼系数
void updateWithoutInput()
{
    for(int i = 0; i < NUM_MOVERS; i++)        // 对所有小球遍历
    {
        float x = movers[i].x;                 // 当前小球的坐标
        float y = movers[i].y;
        float vX = movers[i].vX;               // 当前小球的速度
        float vY = movers[i].vY;

        // 小球运动有一个阻尼(摩擦力),速度逐渐减小
        vX = vX * FRICTION;
        vY = vY * FRICTION;
        // 速度的绝对值
        float avgVX = abs(vX);
        float avgVY = abs(vY);
        // 两个方向速度的平均
        float avgV = (avgVX + avgVY) * 0.5f;

        // 因为有上面阻尼的作用,如果速度过小,乘以一个 0~3 的随机数,会以比较大的概率让
        // 速度变大
```

```
    if (avgVX < 0.1)
        vX = vX * float(rand()) / RAND_MAX * 3;
    if (avgVY < 0.1)
        vY = vY * float(rand()) / RAND_MAX * 3;
    // 小球的半径在 0.4～3.5 之间,速度越大,半径越大
    float sc = avgV * 0.45f;
    sc = max(min(sc, 3.5f), 0.4f);
    movers[i].radius = sc;
    // 根据"位置＋速度"更新小球的坐标
    float nextX = x + vX;
    float nextY = y + vY;

    // 如果小球超过上、下、左、右 4 个边界,将位置设为边界处,速度反向
    if(nextX > WIDTH)
    {
        nextX = WIDTH;
        vX = -1 * vX;
    }
    else if (nextX < 0)
    {
        nextX = 0;
        vX = -1 * vX;
    }
    if(nextY > HEIGHT)
    {
        nextY = HEIGHT;
        vY = -1 * vY;
    }
    else if (nextY < 0)
    {
        nextY = 0;
        vY = -1 * vY;
    }
    // 更新小球位置、速度的结构体数组
    movers[i].vX = vX;
    movers[i].vY = vY;
    movers[i].x = nextX;
    movers[i].y = nextY;
    }
}
```

6.3.4　鼠标的吸引力

第四步增加鼠标对一定范围内小球的吸引力,小球距离鼠标越近,吸引力越大,效果如图 6-6 所示。

```
# include < graphics.h >
# include < math.h >
# include < time.h >
# define WIDTH    1024          // 屏幕的宽
# define HEIGHT   768           // 屏幕的高
```

图 6-6　鼠标吸引力效果

```
#define NUM_MOVERS 800                              // 小球数量
#defineFRICTION    0.96f                            // 摩擦力、阻尼系数
// 定义小球结构
struct Mover
{
    COLORREF    color;                              // 颜色
    float   x,   y;                                 // 坐标
    float   vX,  vY;                                // 速度
    float       radius;                             // 半径
};
// 定义全局变量
Mover   movers[NUM_MOVERS];                         // 小球数组
int     mouseX,    mouseY;                          // 当前鼠标坐标
void startup()
{
    // 设置随机种子
    srand((unsigned int)time(NULL));
    // 初始化小球数组
    for (int i = 0; i < NUM_MOVERS; i++)
    {
        movers[i].color = RGB(rand() % 256, rand() % 256, rand() % 256);
        movers[i].x  = rand() % WIDTH;
        movers[i].y  = rand() % HEIGHT;
        movers[i].vX = float(cos(float(i))) * (rand() % 34);
        movers[i].vY = float(sin(float(i))) * (rand() % 34);
        movers[i].radius = (rand() % 34)/15.0;
    }
    // 初始化当前鼠标坐标在画布中心
    mouseX = WIDTH / 2;
```

```
    mouseY = HEIGHT / 2;
    initgraph(WIDTH, HEIGHT);
    BeginBatchDraw();
}
void show()
{
    clearrectangle(0,0,WIDTH-1,HEIGHT - 1);        // 清空画面中的全部矩形区域
    for(int i = 0; i < NUM_MOVERS; i++)
    {
        // 画小球
        setcolor(movers[i].color);
        setfillstyle(movers[i].color);
        fillcircle(int(movers[i].x + 0.5), int(movers[i].y + 0.5), int(movers[i].radius
+ 0.5));
    }
    FlushBatchDraw();
    Sleep(2);
}
void updateWithoutInput()
{
    float toDist = WIDTH * 0.86;                   // 吸引距离,若小球与鼠标的距离在此范围
                                                   // 内则会受到向内的吸力
    for(int i = 0; i < NUM_MOVERS; i++)            // 对所有小球遍历
    {
        float x = movers[i].x;                     // 当前小球的坐标
        float y = movers[i].y;
        float vX = movers[i].vX;                   // 当前小球的速度
        float vY = movers[i].vY;
        float dX = x - mouseX;                     // 计算当前小球位置和鼠标位置的差
        float dY = y - mouseY;
        float d = sqrt(dX * dX + dY * dY);         // 当前小球和鼠标位置的距离
        // 下面将 dX、dY 归一化,仅反映方向,和距离无关
        if (d!= 0)
        {
            dX = dX/d;
            dY = dY/d;
        }
        else
        {
            dX = 0;
            dY = 0;
        }
        // 小球距离鼠标< toDist,在此范围内小球会受到鼠标的吸引
        if (d < toDist)
        {
            // 吸引力引起的加速度幅度,小球距离鼠标越近引起的加速度越大
            float toAcc = (1 - (d / toDist)) * WIDTH * 0.0014f;
            // 由 dX、dY 归一化方向信息,加速度幅度值为 toAcc,得到新的小球速度
            vX = vX - dX * toAcc;
            vY = vY - dY * toAcc;
        }
```

```
        // 小球运动有一个阻尼(摩擦力),速度逐渐减少
        vX = vX * FRICTION;
        vY = vY * FRICTION;
        // 速度的绝对值
        float avgVX = abs(vX);
        float avgVY = abs(vY);
        // 两个方向速度的平均
        float avgV = (avgVX + avgVY) * 0.5f;
        // 因为有上面阻尼的作用,如果速度过小,乘以一个 0~3 的随机数,会以比较大的概率让
        // 速度变大
        if (avgVX < 0.1)
            vX = vX * float(rand()) / RAND_MAX * 3;
        if (avgVY < 0.1)
            vY = vY * float(rand()) / RAND_MAX * 3;
        // 小球的半径在 0.4~3.5,速度越大,半径越大
        float sc = avgV * 0.45f;
        sc = max(min(sc, 3.5f), 0.4f);
        movers[i].radius = sc;
        // 根据"位置 + 速度"更新小球的坐标
        float nextX = x + vX;
        float nextY = y + vY;
        // 如果小球超过上、下、左、右 4 个边界,将位置设为边界处,速度反向
        if(nextX > WIDTH)
        {
            nextX = WIDTH;
            vX = -1 * vX;
        }
        else if (nextX < 0)
        {
            nextX = 0;
            vX = -1 * vX;
        }
        if (nextY > HEIGHT)
        {
            nextY = HEIGHT;
            vY = -1 * vY;
        }
        else if (nextY < 0)
        {
            nextY = 0;
            vY = -1 * vY;
        }
        // 更新小球位置、速度的结构体数组
        movers[i].vX = vX;
        movers[i].vY = vY;
        movers[i].x = nextX;
        movers[i].y = nextY;
    }
}
void updateWithInput()
{
    MOUSEMSG m;                              // 定义鼠标消息
    while (MouseHit())                       // 检测当前是否有鼠标消息
    {
```

```
        m = GetMouseMsg();
        if (m.uMsg == WM_MOUSEMOVE)              // 如果鼠标移动,更新当前鼠标坐标变量
        {
            mouseX = m.x;
            mouseY = m.y;
        }
    }
}
void gameover()
{
    EndBatchDraw();
    closegraph();
}
int main()
{
    startup();                                   // 数据的初始化
    while (1)                                     // 游戏循环执行
    {
        show();                                   // 显示画面
        updateWithInput();                        // 与用户输入有关的更新
        updateWithoutInput();                     // 与用户输入无关的更新
    }
    gameover();                                   // 游戏结束,进行后续处理
    return 0;
}
```

6.3.5　鼠标的击打斥力

第五步,当鼠标左键按下时会对一定范围内的小球产生击打斥力,类似于往水塘中扔一个石块,距离越近影响越大,效果如图 6-7 所示。

图 6-7　鼠标的击打斥力效果

```c
#include <graphics.h>
#include <math.h>
#include <time.h>

#define WIDTH        1024                    // 屏幕的宽
#define HEIGHT       768                     // 屏幕的高
#define NUM_MOVERS 800                       // 小球数量
#defineFRICTION    0.96f                     // 摩擦力、阻尼系数

// 定义小球结构
struct Mover
{
    COLORREF    color;                       // 颜色
    float   x,   y;                          // 坐标
    float   vX,  vY;                         // 速度
    float       radius;                      // 半径
};

// 定义全局变量
Mover   movers[NUM_MOVERS];                  // 小球数组
int     mouseX,     mouseY;                  // 当前鼠标坐标
int     isMouseDown;                         // 鼠标左键是否按下

void startup()
{
    // 设置随机种子
    srand((unsigned int)time(NULL));

    // 初始化小球数组
    for (int i = 0; i < NUM_MOVERS; i++)
    {
        movers[i].color = RGB(rand() % 256, rand() % 256, rand() % 256);
        movers[i].x  = rand() % WIDTH;
        movers[i].y  = rand() % HEIGHT;
        movers[i].vX = float(cos(float(i))) * (rand() % 34);
        movers[i].vY = float(sin(float(i))) * (rand() % 34);
        movers[i].radius = (rand() % 34)/15.0;
    }

    // 初始化当前鼠标坐标在画布中心
    mouseX = WIDTH / 2;
    mouseY = HEIGHT / 2;

    isMouseDown = 0;                         // 初始鼠标未按下

    initgraph(WIDTH, HEIGHT);
    BeginBatchDraw();
}

void show()
{
```

```
    clearrectangle(0,0,WIDTH - 1,HEIGHT - 1);        // 清空画面中的全部矩形区域

    for(int i = 0; i < NUM_MOVERS; i++)
    {
        // 画小球
        setcolor(movers[i].color);
        setfillstyle(movers[i].color);
        fillcircle(int(movers[i].x + 0.5), int(movers[i].y + 0.5), int(movers[i].radius
+ 0.5));
    }

    FlushBatchDraw();
    Sleep(2);
}


void updateWithoutInput()
{
    float toDist = WIDTH * 0.86; // 吸引距离,小球与鼠标的距离在此范围内会受到向内的吸力
    float blowDist = WIDTH * 0.5; // 击打距离,小球与鼠标的距离在此范围内会受到向外的斥力

    for(int i = 0; i < NUM_MOVERS; i++)              // 对所有小球遍历
    {
        float x = movers[i].x;                        // 当前小球的坐标
        float y = movers[i].y;
        float vX = movers[i].vX;                      // 当前小球的速度
        float vY = movers[i].vY;

        float dX = x - mouseX;                        // 计算当前小球位置和鼠标位置的差
        float dY = y - mouseY;
        float d = sqrt(dX * dX + dY * dY);            // 当前小球和鼠标位置的距离

        // 下面将 dX、dY 归一化,仅反映方向,和距离无关
        if (d!= 0)
        {
            dX = dX/d;
            dY = dY/d;
        }
        else
        {
            dX = 0;
            dY = 0;
        }

        // 小球距离鼠标< toDist,在此范围内小球会受到鼠标的吸引
        if (d < toDist)
        {
            // 吸引力引起的加速度幅度,小球距离鼠标越近引起的加速度越大,但吸引力的值明
            // 显比上面斥力的值小很多
            float toAcc = (1 - (d / toDist)) * WIDTH * 0.0014f;
            // 由 dX、dY 归一化方向信息,加速度幅度值为 toAcc,得到新的小球速度
            vX = vX - dX * toAcc;
```

```
        vY = vY - dY * toAcc;
}


// 当鼠标左键按下,并且小球距离鼠标< blowDist(在击打范围内)时会受到向外的力
if (isMouseDown && d < blowDist)
{
    // 击打力引起的加速度幅度(Acceleration),这个公式表示小球距离鼠标越近击打斥
    // 力引起的加速度越大
    float blowAcc = (1 - (d / blowDist)) * 10;
    // 由上面得到的 dX、dY 归一化方向信息,上面的加速度幅度值为 blowAcc,得到新的小
    // 球速度
    // float(rand()) / RAND_MAX 产生 0~1 的随机数
    // 0.5f - float(rand()) / RAND_MAX 产生 - 0.5~0.5 的随机数,加入一些扰动
    vX = vX + dX * blowAcc + 0.5f - float(rand()) / RAND_MAX;
    vY = vY + dY * blowAcc + 0.5f - float(rand()) / RAND_MAX;
}


// 小球运动有一个阻尼(摩擦力),速度逐渐减小
vX = vX * FRICTION;
vY = vY * FRICTION;


// 速度的绝对值
float avgVX = abs(vX);
float avgVY = abs(vY);
// 两个方向速度的平均
float avgV = (avgVX + avgVY) * 0.5f;


// 因为有上面阻尼的作用,如果速度过小,乘以一个 0~3 的随机数,会以比较大的概率让
// 速度变大
if (avgVX < 0.1)
    vX = vX * float(rand()) / RAND_MAX * 3;
if (avgVY < 0.1)
    vY = vY * float(rand()) / RAND_MAX * 3;


// 小球的半径在 0.4~3.5,速度越大半径越大
float sc = avgV * 0.45f;
sc = max(min(sc, 3.5f), 0.4f);
movers[i].radius = sc;


// 根据"位置 + 速度"更新小球的坐标
float nextX = x + vX;
float nextY = y + vY;


// 如果小球超过上、下、左、右 4 个边界,将位置设为边界处,速度反向
if(nextX > WIDTH)
{
    nextX = WIDTH;
    vX = -1 * vX;
}
else if (nextX < 0)
{
```

```
                nextX = 0;
                vX = -1 * vX;
            }
            if(nextY > HEIGHT)
            {
                nextY = HEIGHT;
                vY = -1 * vY;
            }
            else if (nextY < 0)
            {
                nextY = 0;
                vY = -1 * vY;
            }

            // 更新小球位置、速度的结构体数组
            movers[i].vX = vX;
            movers[i].vY = vY;
            movers[i].x = nextX;
            movers[i].y = nextY;
        }
    }

void updateWithInput()
{
    MOUSEMSG m;                                     // 定义鼠标消息
    while (MouseHit())                              // 检测当前是否有鼠标消息
    {
        m = GetMouseMsg();
        if (m.uMsg == WM_MOUSEMOVE)                 // 如果鼠标移动,更新当前鼠标坐标变量
        {
            mouseX = m.x;
            mouseY = m.y;
        }
        else if (m.uMsg == WM_LBUTTONDOWN)          // 鼠标左键按下
            isMouseDown = 1;
        else if (m.uMsg == WM_LBUTTONUP)            // 鼠标左键抬起
            isMouseDown = 0;
    }
}

void gameover()
{
    EndBatchDraw();
    closegraph();
}

int main()
{
    startup();                                      // 数据的初始化
    while (1)                                        // 游戏循环执行
    {
```

```
        show();                              // 显示画面
        updateWithInput();                   // 与用户输入有关的更新
        updateWithoutInput();                // 与用户输入无关的更新
    }
    gameover();                              // 游戏结束,进行后续处理
    return 0;
}
```

6.3.6   鼠标的扰动力

第六步实现鼠标移动时对粒子的扰动力,类似于在水面上拿树枝搅动,搅动的越快扰动越大,如图 6-8 所示。

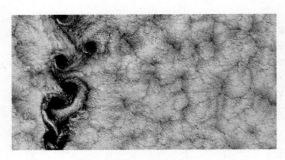

图 6-8   水面的扰动效果

```
# include < graphics. h>
# include < math. h>
# include < time. h>

# define WIDTH        1024                   // 屏幕的宽
# define HEIGHT        768                    // 屏幕的高
# define NUM_MOVERS   800                    // 小球数量
# defineFRICTION      0.96f                   // 摩擦力、阻尼系数

// 定义小球结构
struct Mover
{
    COLORREF    color;                       // 颜色
    float   x,    y;                         // 坐标
    float   vX,   vY;                        // 速度
    float       radius;                      // 半径
};

// 定义全局变量
Mover   movers[NUM_MOVERS];                  // 小球数组
int     mouseX,     mouseY;                  // 当前鼠标坐标
int     prevMouseX, prevMouseY;              // 上次鼠标坐标
int     mouseVX,    mouseVY;                 // 鼠标的速度
int     isMouseDown;                         // 鼠标左键是否按下

void startup()
```

```
{
    // 设置随机种子
    srand((unsigned int)time(NULL));

    // 初始化小球数组
    for (int i = 0; i < NUM_MOVERS; i++)
    {
        movers[i].color = RGB(rand() % 256, rand() % 256, rand() % 256);
        movers[i].x  = rand() % WIDTH;
        movers[i].y  = rand() % HEIGHT;
        movers[i].vX = float(cos(float(i))) * (rand() % 34);
        movers[i].vY = float(sin(float(i))) * (rand() % 34);
        movers[i].radius = (rand() % 34)/15.0;
    }

    // 初始化鼠标变量,当前鼠标坐标、上次鼠标坐标都在画布中心
    mouseX = prevMouseX = WIDTH / 2;
    mouseY = prevMouseY = HEIGHT / 2;

    isMouseDown = 0;                        // 初始鼠标未按下

    initgraph(WIDTH, HEIGHT);
    BeginBatchDraw();
}

void show()
{
    clearrectangle(0,0,WIDTH - 1,HEIGHT - 1);    // 清空画面中的全部矩形区域

    for(int i = 0; i < NUM_MOVERS; i++)
    {
        // 画小球
        setcolor(movers[i].color);
        setfillstyle(movers[i].color);
        fillcircle(int(movers[i].x + 0.5), int(movers[i].y + 0.5), int(movers[i].radius
+ 0.5));
    }

    FlushBatchDraw();
    Sleep(5);
}

void updateWithoutInput()
{
    float toDist = WIDTH * 0.86;       // 吸引距离,小球距离鼠标在此范围内会受到向内的吸力
    float blowDist = WIDTH * 0.5;      // 击打距离,小球距离鼠标在此范围内会受到向外的斥力
    float stirDist = WIDTH * 0.125;    // 扰动距离,小球距离鼠标在此范围内会受到鼠标的扰动

    // 前后两次运行间鼠标移动的距离,即为鼠标的速度
    mouseVX = mouseX - prevMouseX;
    mouseVY = mouseY - prevMouseY;
```

```
// 为记录这次鼠标的坐标,更新上次鼠标坐标变量
prevMouseX = mouseX;
prevMouseY = mouseY;

for(int i = 0; i < NUM_MOVERS; i++)              // 对所有小球遍历
{
    float x = movers[i].x;                       // 当前小球的坐标
    float y = movers[i].y;
    float vX = movers[i].vX;                     // 当前小球的速度
    float vY = movers[i].vY;

    float dX = x - mouseX;                        // 计算当前小球位置和鼠标位置的差
    float dY = y - mouseY;
    float d = sqrt(dX * dX + dY * dY);           // 当前小球和鼠标位置的距离

    // 下面将 dX、dY 归一化,仅反映方向,和距离无关
    if (d!= 0)
    {
        dX = dX/d;
        dY = dY/d;
    }
    else
    {
        dX = 0;
        dY = 0;
    }

    // 若小球距离鼠标< toDist,在此范围内小球会受到鼠标的吸引
    if (d < toDist)
    {
        // 吸引力引起的加速度幅度,小球距离鼠标越近引起的加速度越大,但吸引力的值明
        // 显比上面斥力的值小很多
        float toAcc = (1 - (d / toDist)) * WIDTH * 0.0014f;
        // 由 dX、dY 归一化方向信息,加速度幅度值为 toAcc,得到新的小球速度
        vX = vX - dX * toAcc;
        vY = vY - dY * toAcc;
    }

    // 当鼠标左键按下,并且小球距离鼠标< blowDist(在打击范围内)时会受到向外的力
    if (isMouseDown && d < blowDist)
    {
        // 击打力引起的加速度幅度(Acceleration),这个公式表示小球距离鼠标越近,击打斥
        // 力引起的加速度越大
        float blowAcc = (1 - (d / blowDist)) * 10;
        // 由上面得到的 dX、dY 归一化方向信息,上面的加速度幅度值为 blowAcc,得到新的小
        // 球速度
        // float(rand()) / RAND_MAX 产生 0~1 之间的随机数
        // 0.5f - float(rand()) / RAND_MAX 产生 -0.5~0.5 的随机数,加入一些扰动
        vX = vX + dX * blowAcc + 0.5f - float(rand()) / RAND_MAX;
        vY = vY + dY * blowAcc + 0.5f - float(rand()) / RAND_MAX;
```

```
}

// 若小球距离鼠标< stirDist,在此范围内小球会受到鼠标的扰动
if (d < stirDist)
{
    // 扰动力引起的加速度幅度,小球距离鼠标越近引起的加速度越大,扰动力的值更小
    float mAcc = (1 - (d / stirDist)) * WIDTH * 0.00026f;
    // 鼠标速度越快,引起的扰动力越大
    vX = vX + mouseVX * mAcc;
    vY = vY + mouseVY * mAcc;
}

// 小球运动有一个阻尼(摩擦力),速度逐渐减少
vX = vX * FRICTION;
vY = vY * FRICTION;

// 速度的绝对值
float avgVX = abs(vX);
float avgVY = abs(vY);
// 两个方向速度的平均
float avgV = (avgVX + avgVY) * 0.5f;

// 因为有上面阻尼的作用,如果速度过小,乘以一个 0～3 的随机数,会以比较大的概率让
// 速度变大
if (avgVX < 0.1)
    vX = vX * float(rand()) / RAND_MAX * 3;
if (avgVY < 0.1)
    vY = vY * float(rand()) / RAND_MAX * 3;

// 小球的半径在 0.4～3.5,速度越大,半径越大
float sc = avgV * 0.45f;
sc = max(min(sc, 3.5f), 0.4f);
movers[i].radius = sc;

// 根据"位置＋速度"更新小球的坐标
float nextX = x + vX;
float nextY = y + vY;

// 如果小球超过上、下、左、右 4 个边界,将位置设为边界处,速度反向
if(nextX > WIDTH)
{
    nextX = WIDTH;
    vX = -1 * vX;
}
else if (nextX < 0)
{
    nextX = 0;
    vX = -1 * vX;
}
if(nextY > HEIGHT)
{
```

```
                    nextY = HEIGHT;
                    vY = - 1 * vY;
                }
                else if (nextY < 0)
                {
                    nextY = 0;
                    vY = - 1 * vY;
                }

                // 更新小球位置、速度的结构体数组
                movers[i].vX = vX;
                movers[i].vY = vY;
                movers[i].x = nextX;
                movers[i].y = nextY;
            }
        }


void updateWithInput()
{
    MOUSEMSG m;                                 // 定义鼠标消息
    while (MouseHit())                          // 检测当前是否有鼠标消息
    {
        m = GetMouseMsg();
        if (m.uMsg == WM_MOUSEMOVE)             // 如果鼠标移动,更新当前鼠标坐标变量
        {
            mouseX = m.x;
            mouseY = m.y;
        }
        else if (m.uMsg == WM_LBUTTONDOWN)      // 鼠标左键按下
            isMouseDown = 1;
        else if (m.uMsg == WM_LBUTTONUP)        // 鼠标左键抬起
            isMouseDown = 0;
    }
}


void gameover()
{
    EndBatchDraw();
    closegraph();
}


int main()
{
    startup();                                  // 数据的初始化
    while (1)                                    // 游戏循环执行
    {
        show();                                  // 显示画面
        updateWithInput();                       // 与用户输入有关的更新
        updateWithoutInput();                    // 与用户输入无关的更新
    }
    gameover();                                  // 游戏结束,进行后续处理
    return 0;
}
```

6.3.7　绝对延时

为了能在不同性能的计算机上实现同样速度的运行效果,可以定义以下绝对延时函数:

```
void delay(DWORD ms)
{
    static DWORD oldtime = GetTickCount();
    while(GetTickCount() - oldtime < ms)
        Sleep(1);
    oldtime = GetTickCount();
}
```

然后用 delay(5)代替 Sleep(5)进行调用,最终代码参看"\随书资源\第 6 章\ 6.3 互动粒子仿真.cpp"。

6.3.8　小结

互动粒子仿真的效果是不是很酷?
思考题:
1. 利用结构体改进之前的游戏代码。
2. 尝试利用音乐节拍驱动粒子运动特效(可参考 8.3 节)。

6.4　文　　件

利用文件读写可实现游戏的读档、存档,本节以飞机大战游戏为例实现游戏的多画面显示及读档、存档功能,如图 6-9 所示。代码"素材参看:\随书资源\第 6 章\6.4 文件\"。

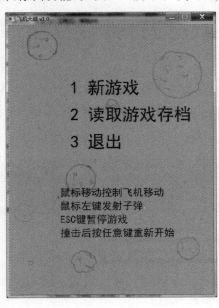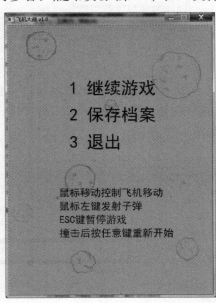

图 6-9　飞机大战游戏的文件读档功能

6.4.1 工作目录的设定

在 5.2 节飞机大战的实现中将对应图片、音乐素材放置在 D 盘，对应的读写代码如下：

```
loadimage(&img_bk, "D:\\background.jpg");
```

本节将图片、音乐等素材放在和 exe 文件同一目录中，如此只需复制整个目录就可以在其他计算机上直接运行。读取同一目录中的图片文件可写为：

```
loadimage(&img_bk, ".\\background.jpg");
```

开发时可将对应素材放置在工作目录下的 Debug 或 Release 目录，在编译器中设置相应的工作目录。Visual C++6 的设置如图 6-10 所示，将 Working directory 改成和 exe 文件生成目录一致。

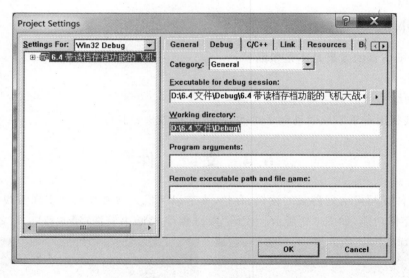

图 6-10　Visual C++6 的工作目录设置

对于 Visual Studio 2008，可以对项目→属性→配置属性→调试→工作目录的值进行修改，在 Debug 时修改为 $(ProjectDir)\Debug，在 Release 时修改为 $(ProjectDir)\Release，如图 6-11 所示。

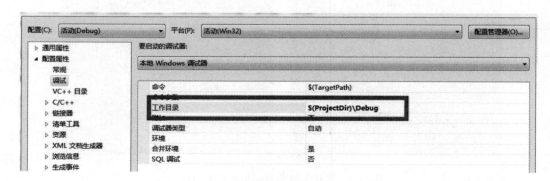

图 6-11　Visual Studio 2008 的工作目录设置

为了在没有安装编译器的计算机中也可以运行开发的游戏,可以使用 installshield for VC++6 自动找到应用程序所需要的动态链接库并将它们放入安装程序中;也可以运行 Microsoft Visual Studio 6.0 Tools 菜单中的 Depends,打开 exe 运行程序,之后将所依赖的动态链接库复制到同一目录。最终包含 exe、dll、图片、音乐等文件的文件夹,可以使用 Inno Setup 等软件制作标准的安装文件。

6.4.2 多画面显示

第一步增加初始菜单显示函数 startMenu(),在 main() 函数中首先运行,用户可以选择进入或退出游戏;增加游戏暂停菜单函数 pauseMenu(),按 Esc 键后启动该界面,用户可以选择继续游戏或退出,效果如图 6-12 所示。

图 6-12 多画面显示效果

```c
# include < graphics. h >
# include < conio. h >
# include < math. h >
# include < stdio. h >

// 引用 Windows Multimedia API
# pragma comment(lib,"Winmm. lib")

# define High 800                              // 游戏画面尺寸
# define Width 590

IMAGE img_bk;                                  // 背景图片
float position_x,position_y;                   // 飞机的位置
float bullet_x,bullet_y;                       // 子弹的位置
float enemy_x,enemy_y;                         // 敌机的位置
IMAGE img_planeNormal1,img_planeNormal2;       // 正常飞机图片
IMAGE img_planeExplode1,img_planeExplode2;     // 爆炸飞机图片
IMAGE img_bullet1,img_bullet2;                 // 子弹图片
IMAGE img_enemyPlane1,img_enemyPlane2;         // 敌机图片
int isExpolde = 0;                             // 飞机是否爆炸
int score = 0;                                 // 得分
```

```
int gameStatus = 0; // 游戏状态,0 为初始菜单界面,1 为正常游戏,2 为结束游戏状态,3 为游戏暂停

void startMenu();                          // 初始菜单界面
void pauseMenu();                          // 游戏暂停后的菜单界面,一般按 Esc 键后启动该界面
void startup();                            // 数据的初始化
void show();                               // 显示画面
void updateWithoutInput();                 // 与用户输入无关的更新
void updateWithInput();                    // 与用户输入有关的更新
void gameover();                           // 游戏结束,进行后续处理

void startMenu()                           // 初始菜单界面
{
    putimage(0, 0, &img_bk);               // 显示背景
    setbkmode(TRANSPARENT);
    settextcolor(BLACK);
    settextstyle(50,0, _T("黑体"));
    outtextxy(Width * 0.3, High * 0.3, "1 进入游戏");
    outtextxy(Width * 0.3, High * 0.4, "2 退出");
    FlushBatchDraw();
    Sleep(2);

    char input;
    if(kbhit())                            // 判断是否有输入
    {
        input = getch();                   // 根据用户的不同输入来移动,不必输入回车
        if (input == '1')
            gameStatus = 1;
        else if (input == '2')
        {
            gameStatus = 2;
            exit(0);
        }
    }
}

void pauseMenu()                           // 游戏暂停后的菜单界面,一般按 Esc 键后启动该界面
{
    putimage(0, 0, &img_bk);               // 显示背景
    setbkmode(TRANSPARENT);
    settextcolor(BLACK);
    settextstyle(50,0, _T("黑体"));
    outtextxy(Width * 0.3, High * 0.3, "1 继续游戏");
    outtextxy(Width * 0.3, High * 0.4, "2 退出");
    FlushBatchDraw();
    Sleep(2);

    char input;
    if(kbhit())                            // 判断是否有输入
    {
        input = getch();                   // 根据用户的不同输入来移动,不必输入回车
```

```
        if (input == '1')
            gameStatus = 1;
        else if (input == '2')
        {
            gameStatus = 2;
            exit(0);
        }
    }
}

void startup()
{
    mciSendString("open .\\game_music.mp3 alias bkmusic", NULL, 0, NULL);   //打开背景音乐
    mciSendString("play bkmusic repeat", NULL, 0, NULL);                    // 循环播放

    initgraph(Width,High);
    // 获取窗口句柄
    HWND hwnd = GetHWnd();
    // 设置窗口标题文字
    SetWindowText(hwnd, "飞机大战 v1.0");

    loadimage(&img_bk, ".\\background.jpg");
    loadimage(&img_planeNormal1, ".\\planeNormal_1.jpg");
    loadimage(&img_planeNormal2, ".\\planeNormal_2.jpg");
    loadimage(&img_bullet1, ".\\bullet1.jpg");
    loadimage(&img_bullet2, ".\\bullet2.jpg");
    loadimage(&img_enemyPlane1, ".\\enemyPlane1.jpg");
    loadimage(&img_enemyPlane2, ".\\enemyPlane2.jpg");
    loadimage(&img_planeExplode1, ".\\planeExplode_1.jpg");
    loadimage(&img_planeExplode2, ".\\planeExplode_2.jpg");

    position_x = Width * 0.5;
    position_y = High * 0.7;
    bullet_x = position_x;
    bullet_y = -85;
    enemy_x = Width * 0.5;
    enemy_y = 10;

    BeginBatchDraw();

    while (gameStatus == 0)
        startMenu();                    // 初始菜单界面
}

void show()
{
    while (gameStatus == 3)
        pauseMenu();                    // 游戏暂停后的菜单界面,一般按 Esc 键后启动该界面

    putimage(0, 0, &img_bk);            // 显示背景
    if (isExpolde == 0)
```

```
    {
        putimage(position_x - 50, position_y - 60, &img_planeNormal1, NOTSRCERASE); // 显示正
                                                                        // 常飞机
        putimage(position_x - 50, position_y - 60, &img_planeNormal2, SRCINVERT);

        putimage(bullet_x - 7, bullet_y, &img_bullet1, NOTSRCERASE);             // 显示子弹
        putimage(bullet_x - 7, bullet_y, &img_bullet2, SRCINVERT);
        putimage(enemy_x, enemy_y, &img_enemyPlane1, NOTSRCERASE);              // 显示敌机
        putimage(enemy_x, enemy_y, &img_enemyPlane2, SRCINVERT);
    }
    else
    {
        putimage(position_x - 50, position_y - 60, &img_planeExplode1, NOTSRCERASE);
                                    // 显示爆炸飞机
        putimage(position_x - 50, position_y - 60, &img_planeExplode2, SRCINVERT);
    }

    settextcolor(RED);
    settextstyle(20, 0, _T("黑体"));
    outtextxy(Width * 0.48, High * 0.95, "得分: ");
    char s[5];
    sprintf(s, " % d", score);
    outtextxy(Width * 0.55, High * 0.95, s);

    FlushBatchDraw();
    Sleep(2);
}

void updateWithoutInput()
{
    if (isExpolde == 0)
    {
        if (bullet_y > - 25)
            bullet_y = bullet_y - 2;

        if (enemy_y < High - 25)
            enemy_y = enemy_y + 0.5;
        else
            enemy_y = 10;

        if (abs(bullet_x - enemy_x) + abs(bullet_y - enemy_y) < 80)             // 子弹击中敌机
        {
            enemy_x = rand() % Width;
            enemy_y = - 40;
            bullet_y = - 85;
            mciSendString("stop gemusic", NULL, 0, NULL);        // 先把前面一次的音乐停止
            mciSendString("close gemusic", NULL, 0, NULL);        // 先把前面一次的音乐关闭
            mciSendString("open .\\gotEnemy.mp3 alias gemusic", NULL, 0, NULL); // 打开跳动音乐
            mciSendString("play gemusic", NULL, 0, NULL);              // 仅播放一次
            score++;
```

```cpp
        if (score > 0 && score % 5 == 0 && score % 2 != 0)
        {
            mciSendString("stop 5music", NULL, 0, NULL);        // 先把前面一次的音乐停止
            mciSendString("close 5music", NULL, 0, NULL);       // 先把前面一次的音乐关闭
            mciSendString("open .\\5.mp3 alias 5music", NULL, 0, NULL); // 打开跳动音乐
            mciSendString("play 5music", NULL, 0, NULL);                // 仅播放一次
        }
        if (score % 10 == 0)
        {
            mciSendString("stop 10music", NULL, 0, NULL);       // 先把前面一次的音乐停止
            mciSendString("close 10music", NULL, 0, NULL);      // 先把前面一次的音乐关闭
            mciSendString("open .\\10.mp3 alias 10music", NULL, 0, NULL);  // 打开跳动音乐
            mciSendString("play 10music", NULL, 0, NULL);               // 仅播放一次
        }
    }

    if (abs(position_x - enemy_x) + abs(position_y - enemy_y) < 150)        // 敌机击中我机
    {
        isExpolde = 1;
        mciSendString("stop exmusic", NULL, 0, NULL);           // 先把前面一次的音乐停止
        mciSendString("close exmusic", NULL, 0, NULL);          // 先把前面一次的音乐关闭
        mciSendString("open .\\explode.mp3 alias exmusic", NULL, 0, NULL); // 打开跳动音乐
        mciSendString("play exmusic", NULL, 0, NULL);                   // 仅播放一次
    }
    }
}

void updateWithInput()
{
    if (isExpolde == 0)
    {
        MOUSEMSG m;                     // 定义鼠标消息
        while (MouseHit())              // 这个函数用于检测当前是否有鼠标消息
        {
            m = GetMouseMsg();
            if(m.uMsg == WM_MOUSEMOVE)
            {
                // 飞机的位置等于鼠标所在的位置
                position_x = m.x;
                position_y = m.y;
            }
            else if (m.uMsg == WM_LBUTTONDOWN)
            {
                // 按下鼠标左键发射子弹
                bullet_x = position_x;
                bullet_y = position_y - 85;
                mciSendString("stop fgmusic", NULL, 0, NULL);   // 先把前面一次的音乐停止
                mciSendString("close fgmusic", NULL, 0, NULL);  // 先把前面一次的音乐关闭
                mciSendString("open .\\f_gun.mp3 alias fgmusic", NULL, 0, NULL);
                                    // 打开跳动音乐
                mciSendString("play fgmusic", NULL, 0, NULL);               // 仅播放一次
```

```
                }
            }
        }

        char input;
        if(kbhit())                          // 判断是否有输入
        {
            input = getch();                 // 根据用户的不同输入来移动,不必输入回车
            if (input == 27)                 // Esc 键的 ACSII 码为 27
            {
                gameStatus = 3;
            }
        }
    }

    void gameover()
    {
        EndBatchDraw();
        getch();
        closegraph();
    }

    int main()
    {
        startup();                           // 数据的初始化
        while (1)                            // 游戏循环执行
        {
            show();                          // 显示画面
            updateWithoutInput();            // 与用户输入无关的更新
            updateWithInput();               // 与用户输入有关的更新
        }
        gameover();                          // 游戏结束,进行后续处理
        return 0;
    }
```

6.4.3 游戏的读档和存档

第二步,在以上两个显示函数中加入游戏读档、存档的选项,增加 readRecordFile()函数读取游戏数据文件存档、增加 writeRecordFile()函数存储游戏数据文件存档。最终代码、视频参看"\随书资源\第 6 章\6.4 文件\ 6.4 带读档存档功能的飞机大战.cpp、6.4 带读档存档功能的飞机大战.wmv"。

```
# include < graphics. h >
# include < conio. h >
# include < math. h >
# include < stdio. h >

// 引用 Windows Multimedia API
# pragma comment(lib,"Winmm.lib")
```

```
#define High 800                          // 游戏画面尺寸
#define Width 590

IMAGE img_bk;                             // 背景图片
float position_x,position_y;              // 飞机的位置
float bullet_x,bullet_y;                  // 子弹的位置
float enemy_x,enemy_y;                    // 敌机的位置
IMAGE img_planeNormal1,img_planeNormal2;  // 正常飞机图片
IMAGE img_planeExplode1,img_planeExplode2;// 爆炸飞机图片
IMAGE img_bullet1,img_bullet2;            // 子弹图片
IMAGE img_enemyPlane1,img_enemyPlane2;    // 敌机图片
int isExpolde = 0;                        // 飞机是否爆炸
int score = 0;                            // 得分

int gameStatus = 0; // 游戏状态,0 为初始菜单界面,1 为正常游戏,2 为结束游戏状态,3 为游戏暂停

void startMenu();                         // 初始菜单界面
void pauseMenu();                         // 游戏暂停后的菜单界面,一般按 Esc 键后启动该界面
void startup();                           // 数据的初始化
void show();                              // 显示画面
void updateWithoutInput();                // 与用户输入无关的更新
void updateWithInput();                   // 与用户输入有关的更新
void gameover();                          // 游戏结束,进行后续处理
void readRecordFile();                    // 读取游戏数据文件存档
void writeRecordFile();                   // 存储游戏数据文件存档

void startMenu()                          // 初始菜单界面
{
    putimage(0, 0, &img_bk);              // 显示背景
    setbkmode(TRANSPARENT);
    settextcolor(BLACK);
    settextstyle(50,0, _T("黑体"));
    outtextxy(Width * 0.3, High * 0.2, "1 新游戏");
    outtextxy(Width * 0.3, High * 0.3, "2 读取游戏存档");
    outtextxy(Width * 0.3, High * 0.4, "3 退出");

    settextcolor(BLUE);
    settextstyle(30,0, _T("黑体"));
    outtextxy(Width * 0.25, High * 0.6, "鼠标移动控制飞机移动");
    outtextxy(Width * 0.25, High * 0.65, "鼠标左键发射子弹");
    outtextxy(Width * 0.25, High * 0.7, "Esc 键暂停游戏");
    outtextxy(Width * 0.25, High * 0.75, "撞击后按任意键重新开始");
    FlushBatchDraw();
    Sleep(2);

    char input;
    if(kbhit())                           // 判断是否有输入
    {
        input = getch();                  // 根据用户的不同输入来移动,不必输入回车
        if (input == '1')
            gameStatus = 1;
```

```
        else if ( input == '2')
        {
            readRecordFile();
            gameStatus = 1;
        }
        else if ( input == '3')
        {
            gameStatus = 2;
            exit(0);
        }
    }
}


void pauseMenu()                         // 游戏暂停后的菜单界面,一般按 Esc 键后启动该界面
{
    putimage(0, 0, &img_bk);                    // 显示背景
    setbkmode(TRANSPARENT);
    settextcolor(BLACK);
    settextstyle(50,0, _T("黑体"));
    outtextxy(Width * 0.3, High * 0.2, "1 继续游戏");
    outtextxy(Width * 0.3, High * 0.3, "2 保存档案");
    outtextxy(Width * 0.3, High * 0.4, "3 退出");

    settextcolor(BLUE);
    settextstyle(30,0, _T("黑体"));
    outtextxy(Width * 0.25, High * 0.6, "鼠标移动控制飞机移动");
    outtextxy(Width * 0.25, High * 0.65, "鼠标左键发射子弹");
    outtextxy(Width * 0.25, High * 0.7, "Esc 键暂停游戏");
    outtextxy(Width * 0.25, High * 0.75, "撞击后按任意键重新开始");
    FlushBatchDraw();
    Sleep(2);

    char input;
    if(kbhit())                              // 判断是否有输入
    {
        input = getch();                     // 根据用户的不同输入来移动,不必输入回车
        if (input == '1')
            gameStatus = 1;
        else if ( input == '2')
        {
            writeRecordFile();
            gameStatus = 1;
        }
        else if ( input == '3')
        {
            gameStatus = 2;
            exit(0);
        }
    }
}
```

```c
void readRecordFile()                          // 读取游戏数据文件存档
{
    FILE * fp;
    fp = fopen(".\\gameRecord.dat","r");
    fscanf(fp,"%f %f %f %f %f %f %d %d",&position_x,&position_y,&bullet_x,&bullet_
y,&enemy_x,&enemy_y,&isExpolde,&score);
    fclose(fp);
}


void writeRecordFile()                         // 存储游戏数据文件存档
{
    FILE * fp;
    fp = fopen(".\\gameRecord.dat","w");
    fprintf(fp,"%f %f %f %f %f %f %d %d",position_x,position_y,bullet_x,bullet_y,
enemy_x,enemy_y,isExpolde,score);
    fclose(fp);
}


void startup()
{
    mciSendString("open .\\game_music.mp3 alias bkmusic", NULL, 0, NULL);    // 打开背景音乐
    mciSendString("play bkmusic repeat", NULL, 0, NULL);                     // 循环播放

    initgraph(Width,High);
    // 获取窗口句柄
    HWND hwnd = GetHWnd();
    // 设置窗口标题文字
    SetWindowText(hwnd, "飞机大战 v1.0");

    loadimage(&img_bk, ".\\background.jpg");
    loadimage(&img_planeNormal1, ".\\planeNormal_1.jpg");
    loadimage(&img_planeNormal2, ".\\planeNormal_2.jpg");
    loadimage(&img_bullet1, ".\\bullet1.jpg");
    loadimage(&img_bullet2, ".\\bullet2.jpg");
    loadimage(&img_enemyPlane1, ".\\enemyPlane1.jpg");
    loadimage(&img_enemyPlane2, ".\\enemyPlane2.jpg");
    loadimage(&img_planeExplode1, ".\\planeExplode_1.jpg");
    loadimage(&img_planeExplode2, ".\\planeExplode_2.jpg");

    position_x = Width * 0.5;
    position_y = High * 0.7;
    bullet_x = position_x;
    bullet_y = -85;
    enemy_x = Width * 0.5;
    enemy_y = 10;

    BeginBatchDraw();

    while (gameStatus == 0)
        startMenu();                           // 初始菜单界面
}
```

```c
void show()
{
    while (gameStatus == 3)
        pauseMenu();                           // 游戏暂停后的菜单界面,一般按 Esc 键后启动该界面

    putimage(0, 0, &img_bk);                   // 显示背景
    if (isExpolde == 0)
    {
        putimage(position_x - 50, position_y - 60, &img_planeNormal1,NOTSRCERASE); // 显示正
                                                                                   // 常飞机
        putimage(position_x - 50, position_y - 60, &img_planeNormal2,SRCINVERT);

        putimage(bullet_x - 7, bullet_y, &img_bullet1,NOTSRCERASE);       // 显示子弹
        putimage(bullet_x - 7, bullet_y, &img_bullet2,SRCINVERT);
        putimage(enemy_x, enemy_y, &img_enemyPlane1,NOTSRCERASE);         // 显示敌机
        putimage(enemy_x, enemy_y, &img_enemyPlane2,SRCINVERT);
    }
    else
    {
        putimage(position_x - 50, position_y - 60, &img_planeExplode1,NOTSRCERASE);
                                                // 显示爆炸飞机
        putimage(position_x - 50, position_y - 60, &img_planeExplode2,SRCINVERT);
    }

    settextcolor(RED);
    settextstyle(20,0, _T("黑体"));
    outtextxy(Width * 0.48, High * 0.95, "得分: ");
    char s[5];
    sprintf(s, "%d", score);
    outtextxy(Width * 0.55, High * 0.95, s);

    FlushBatchDraw();
    Sleep(2);
}

void updateWithoutInput()
{
    if (isExpolde == 0)
    {
        if (bullet_y > - 25)
            bullet_y = bullet_y - 2;

        if (enemy_y < High - 25)
            enemy_y = enemy_y + 0.5;
        else
            enemy_y = 10;

        if (abs(bullet_x - enemy_x) + abs(bullet_y - enemy_y) < 80)        // 子弹击中敌机
        {
            enemy_x = rand() % Width;
```

```
            enemy_y = -40;
            bullet_y = -85;
            mciSendString("stop gemusic", NULL, 0, NULL);          // 先把前面一次的音乐停止
            mciSendString("close gemusic", NULL, 0, NULL);          // 先把前面一次的音乐关闭
            mciSendString("open .\\gotEnemy.mp3 alias gemusic", NULL, 0, NULL); // 打开跳动音乐
            mciSendString("play gemusic", NULL, 0, NULL);                // 仅播放一次
            score++;

            if (score > 0 && score % 5 == 0 && score % 2 != 0)
            {
                mciSendString("stop 5music", NULL, 0, NULL);         // 先把前面一次的音乐停止
                mciSendString("close 5music", NULL, 0, NULL);        // 先把前面一次的音乐关闭
                mciSendString("open .\\5.mp3 alias 5music", NULL, 0, NULL);// 打开跳动音乐
                mciSendString("play 5music", NULL, 0, NULL);             // 仅播放一次
            }
            if (score % 10 == 0)
            {
                mciSendString("stop 10music", NULL, 0, NULL);        // 先把前面一次的音乐停止
                mciSendString("close 10music", NULL, 0, NULL);       // 先把前面一次的音乐关闭
                mciSendString("open .\\10.mp3 alias 10music", NULL, 0, NULL);  // 打开跳动音乐
                mciSendString("play 10music", NULL, 0, NULL);            // 仅播放一次
            }
        }

        if (abs(position_x - enemy_x) + abs(position_y - enemy_y) < 150)       // 敌机击中我机
        {
            isExpolde = 1;
            mciSendString("stop exmusic", NULL, 0, NULL);          // 先把前面一次的音乐停止
            mciSendString("close exmusic", NULL, 0, NULL);         // 先把前面一次的音乐关闭
            mciSendString("open .\\explode.mp3 alias exmusic", NULL, 0, NULL);  // 打开跳动音乐
            mciSendString("play exmusic", NULL, 0, NULL);             // 仅播放一次
        }
    }
}


void updateWithInput()
{
    if (isExpolde == 0)
    {
        MOUSEMSG m;                        // 定义鼠标消息
        while (MouseHit())                 // 这个函数用于检测当前是否有鼠标消息
        {
            m = GetMouseMsg();
            if(m.uMsg == WM_MOUSEMOVE)
            {
                // 飞机的位置等于鼠标所在的位置
                position_x = m.x;
                position_y = m.y;
            }
            else if (m.uMsg == WM_LBUTTONDOWN)
            {
                // 按下鼠标左键发射子弹
                bullet_x = position_x;
                bullet_y = position_y - 85;
```

```
                mciSendString("stop fgmusic", NULL, 0, NULL);    // 先把前面一次的音乐停止
                mciSendString("close fgmusic", NULL, 0, NULL);    // 先把前面一次的音乐关闭
                mciSendString("open .\\f_gun.mp3 alias fgmusic", NULL, 0, NULL);// 打开跳动音乐
                mciSendString("play fgmusic", NULL, 0, NULL);                    // 仅播放一次
            }
        }
    }

    char input;
    if(kbhit())                              // 判断是否有输入
    {
        input = getch();                     // 根据用户的不同输入来移动,不必输入回车
        if (input == 27)                     // Esc 键的 ACSII 码为 27
        {
            gameStatus = 3;
        }
    }
}

void gameover()
{
    EndBatchDraw();
    getch();
    closegraph();
}

int main()
{
    startup();                               // 数据的初始化
    while (1)                                // 游戏循环执行
    {
        show();                              // 显示画面
        updateWithoutInput();                // 与用户输入无关的更新
        updateWithInput();                   // 与用户输入有关的更新
    }
    gameover();                              // 游戏结束,进行后续处理
    return 0;
}
```

6.4.4　小结

文件不仅可以实现游戏的读档、存档,还可以用来处理用户账户、登录信息、玩家统计、地图信息、关卡设计、游戏配置等持久化数据。

思考题:

1. 为之前开发的游戏增加读档、存档功能。

2. 在 5.3 节行走小人的基础上编辑更复杂的地图数据文件,并在程序中读取显示。

3. 将 6.3 节互动例子仿真的配置参数存储于文本文件中,无须编译,直接修改配置文件调试仿真效果。

第7章

游戏化学习 C 语言的知识难点

本书游戏开发的学习方法也可以用于学习 C 语言的知识难点,本章以递归、链表两个知识点为例应用可视化、分步骤实现的学习方法。

7.1 递 归

汉诺塔游戏效果如图 7-1 所示。

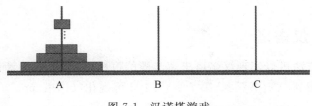

图 7-1　汉诺塔游戏

7.1.1　传统汉诺塔

作为递归应用中的经典案例,传统汉诺塔代码的输出结果为简单的字符,不利于初学者理解,如图 7-2 所示。

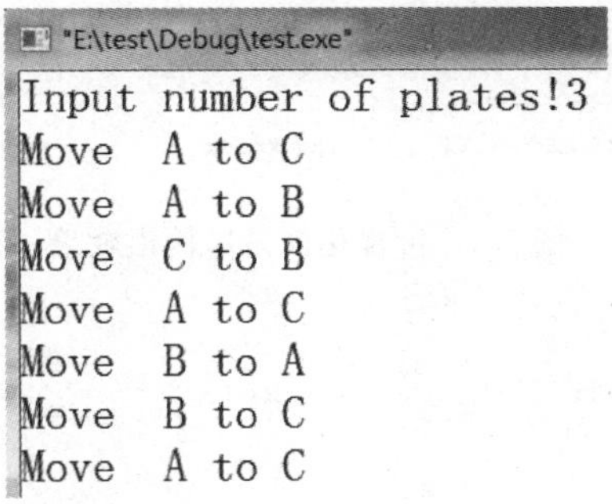

```
"E:\test\Debug\test.exe"
Input number of plates!3
Move  A to C
Move  A to B
Move  C to B
Move  A to C
Move  B to A
Move  B to C
Move  A to C
```

图 7-2　传统汉诺塔代码的输出结果

```c
# include < stdio. h >
void move(char x, char y)
{
    printf("Move % c to % c \n", x,y);
}
```

```
void hanoi(int n,char A,char B,char C)
{
    if(n == 1)
        move(A,C);
    else
    {
        hanoi(n - 1,A,C,B);
        move(A,C);
        hanoi(n - 1,B,A,C);
    }
}
int main()
{
    int n;
    printf("Input number of plates!");
    scanf(" % d",&n);
    hanoi(n,'A','B','C');
    return 0;
}
```

7.1.2 可视化汉诺塔

应用本书中的方法可以实现汉诺塔求解步骤的可视化,便于初学者直观理解,效果如图7-3 所示,对应代码参看"\随书资源\第 7 章\7.1.2 可视化汉诺塔.cpp"。

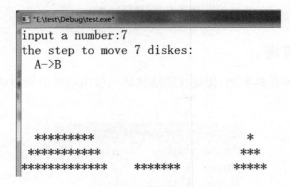

图 7-3 可视化汉诺塔输出效果

```
# include < stdio. h >
# include < stdlib. h >
# include < ctime >
# include < windows. h >
void move(char x,char y,int n, int ** p);
void hanoi(int n,char one,char two,char three, int ** p);
void changeshuzu(char x,char y,int n, int ** p);
void changehigh(char x,char y);              // 改变塔高
void print(int ** p);                        // 输出起始塔
void printstar(int ** p);                    // 输出 *
void gotoxy(int x,int y) ;                   // 将光标移动到(x,y)位置
```

```
static int higha,highb,highc,r,c;
int main()
{
    int i;
    int ** p;
    printf("input a number:");
    scanf(" %d",&r);
    c = r * 10;
    p = new int * [r];                  // 动态分配二维数组
    p[0] = new int[r * c];
    for(i = 1; i < r; i++)              // 动态分配二维数组
        p[i] = p[i-1] + c;
    higha = r;
    highb = 0;
    highc = 0;

    printf("the step to move %d diskes:\n\n",r);
    printstar(p);
    gotoxy(0,1);
    getchar();
    hanoi(r,'A','B','C',p);
    return 0;
}

void hanoi(int n,char one,char two,char three,int ** p)
{
    if(n == 1)
        move(one,three,n,p);
    else
    {
        hanoi(n-1,one,three,two,p);
        move(one,three,n,p);
        hanoi(n-1,two,one,three,p);
    }
}

void move(char x,char y,int n,int ** p)        // x:被移柱子; y: 得到盘的柱子; n: 盘的大小
{
    getchar();
    printf(" %c -> %c\n",x,y);
    changeshuzu(x,y,n,p);                        // 改变数组
    print(p);
    changehigh(x,y);                             // 变高
    gotoxy(0,1);
}

void print(int ** p)
{
    int i,j;
    for(i = 0;i < r;i++)
    {
```

```
        for(j = 0;j < c;j++)
        {
            if(p[i][j] == 1)
                printf(" * ");
            else printf(" ");
        }
        printf("\n");
    }
}
void changehigh(char x,char y)
{
    switch(x)
    {
    case 'A':higha -- ;break;
    case 'B':highb -- ;break;
    case 'C':highc -- ;break;
    }
    switch(y)
    {
    case 'A':higha++;break;
    case 'B':highb++;break;
    case 'C':highc++;break;
    }
}

void changeshuzu(char x,char y,int n,int ** p)
{
    int i,j;

    // m - high 为要去掉的行数
    if(x == 'A')
    {
        for(i = 0;i < r;i++)
            for(j = 0;j < c;j++)
            {
                if(i == r - higha&&j >= r - n&&j <= r + n - 2)
                    p[i][j] = 0;
            }
    }
    else if(x == 'B')
    {
        for(i = 0;i < r;i++)
            for(j = 0;j < c;j++)
            {
                if(i == r - highb&&j >= 3 * r - n&&j <= 3 * r + n - 2)
                    p[i][j] = 0;
            }
    }
    else if(x == 'C')
    {
        for(i = 0;i < r;i++)
```

```
            for(j = 0; j < c; j++)
            {
                if(i == r - highc&&j >= 5 * r - n&&j <= 5 * r + n - 2)
                    p[i][j] = 0;
            }
        }

    // m - high - 1 为要去掉的行数
    if(y == 'A')
    {
        for(i = 0; i < r; i++)
            for(j = 0; j < c; j++)
            {
                if(i == r - higha - 1&&j >= r - n&&j <= r + n - 2)
                    p[i][j] = 1;
            }
    }
    else if(y == 'B')
    {
        for(i = 0; i < r; i++)
            for(j = 0; j < c; j++)
            {
                if(i == r - highb - 1&&j >= 3 * r - n&&j <= 3 * r + n - 2)
                    p[i][j] = 1;
            }
    }
    else if(y == 'C')
    {
        for(i = 0; i < r; i++)
            for(j = 0; j < c; j++)
            {
                if(i == r - highc - 1&&j >= 5 * r - n&&j <= 5 * r + n - 2)
                    p[i][j] = 1;
            }
    }
}

void printstar(int ** p)
{
    int i, j;
    for(i = 0; i < r; i++)
    {for(j = 0; j < c; j++)
    {
        if(j >= r - i - 1&&j <= r + i - 1)
            p[i][j] = 1;
    }
    }
    for(i = 0; i < r; i++)
    {
        for(j = 0; j < c; j++)
        {
```

```
            if(p[i][j] == 1)
                printf(" * ");
            else printf(" ");
        }
        printf("\n");
    }
}

void gotoxy(int x, int y)                    // 将光标移动到(x,y)位置
{
    CONSOLE_SCREEN_BUFFER_INFO    csbiInfo;
    HANDLE hConsoleOut;
    hConsoleOut = GetStdHandle(STD_OUTPUT_HANDLE);
    GetConsoleScreenBufferInfo(hConsoleOut,&csbiInfo);
    csbiInfo.dwCursorPosition.X = x;
    csbiInfo.dwCursorPosition.Y = y;
    SetConsoleCursorPosition(hConsoleOut,csbiInfo.dwCursorPosition);
}
```

7.1.3 小结

思考题:

1. 利用 EasyX 实现汉诺塔游戏,允许用户用鼠标拖动交互。

2. 实现八皇后问题的可视化求解。

7.2 链   表

作为指针、结构体的重要应用,链表也是 C 语言的一个难点,如图 7-4 所示。传统教学方式一般直接讲解最终完善的代码,同学们很难真正理解。本节和读者一起从无到有实现链表,在逐步改进的过程中学习理解。

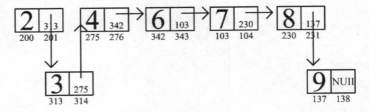

图 7-4 链表原理示意图

7.2.1 单个结点数据结构的定义

第一步定义链表单个结点的数据结构。

```
# include < stdio. h >
struct node
{
    int data;
```

```
    node * next;
};
int main()
{
    node p;
    p.data = 1;
    return 0;
}
```

当然也可以用指针的方式，注意使用前需先分配内存空间。

```
#include <stdio.h>
#include <stdlib.h>
struct node
{
    int data;
    node * next;
};
int main()
{
    node * p;
    p = (node * )malloc(sizeof(node));
    ( * p).data = 1;
    return 0;
}
```

7.2.2　两个结点的串联

第二步实现两个结点的串联，并可以单步跟踪，结点在内存中的链接关系如图 7-5 所示。

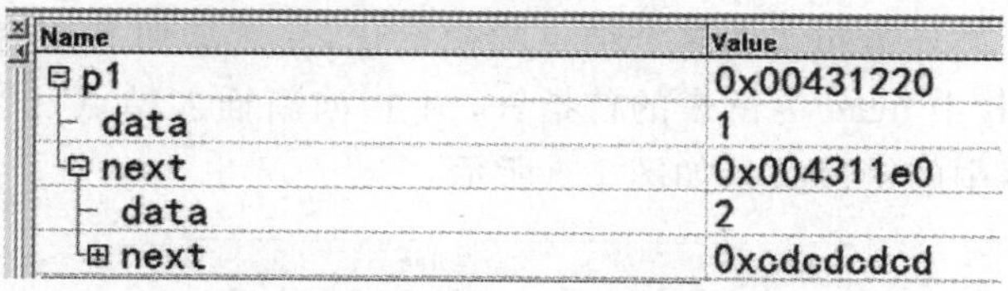

Name	Value
⊟ p1	0x00431220
├ data	1
└⊟ next	0x004311e0
├ data	2
└⊞ next	0xcdcdcdcd

图 7-5　两个结点在内存中的链接关系

```
#include <stdio.h>
#include <stdlib.h>
struct node
{
    int data;
    node * next;
};
int main()
{
    node * p1, * p2;
    p1 = (node * )malloc(sizeof(node));
```

```
    ( * p1).data = 1;
    p2 = (node * )malloc(sizeof(node));
    ( * p2).data = 2;
    p1 -> next = p2;
}
```

为了规范化,可以增加结束标志、记录头结点。

```
#include <stdio.h>
#include <stdlib.h>
struct node
{
    int data;
    node * next;
};
int main()
{
    node * head;
    node * p1, * p2;
    p1 = (node * )malloc(sizeof(node));
    ( * p1).data = 1;
    p2 = (node * )malloc(sizeof(node));
    ( * p2).data = 2;
    p1 -> next = p2;
    p2 -> next = NULL;
    head = p1;
    return 0;
}
```

7.2.3　多个结点的初始化

第三步尝试利用循环语句实现多个结点的初始化,注意如何利用有限的变量实现更多结点的初始化操作,其中 head 为链表的首指针,p1 指向新插入结点,p2 指向链表的最后一个结点。结点在内存中的链接关系如图 7-6 所示。

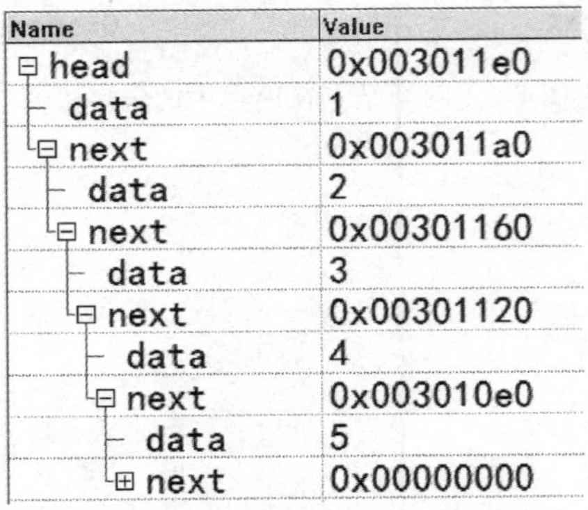

Name	Value
⊟ head	0x003011e0
├ data	1
⊟ next	0x003011a0
├ data	2
⊟ next	0x00301160
├ data	3
⊟ next	0x00301120
├ data	4
⊟ next	0x003010e0
├ data	5
⊞ next	0x00000000

图 7-6　多结点链表的存储

```
# include < stdio. h>
# include < stdlib. h>
struct node
{
    int data;
    node * next;
};
int main( )
{
    node * head, * p1, * p2;;
    int i;
    head = 0;
    for (i = 1;i < = 5;i++)
    {
        p1 = (node * )malloc(sizeof(node));
        ( * p1). data = i;
        if(head == 0)                    // 链表为空,则将该结点设置为表头
        {
            head = p1;
            p2 = p1;
        }
        else                             // 链表非空,则将该结点加入到链表的末尾
        {
            p2 -> next = p1;
            p2 = p1;
        }
    }
    p2 -> next = 0;
    return 0;
}
```

7.2.4　链表的输出

第四步将上面初始化的链表依次输出。

```
# include < stdio. h>
# include < stdlib. h>
struct node
{
    int data;
    node * next;
};
int main( )
{
    node * head, * p1, * p2;;
    int i;
    head = 0;
    // 初始化链表
    for (i = 1;i < = 5;i++)
    {
```

```
            p1 = (node * )malloc(sizeof(node));
            ( * p1).data = i;
            if(head == 0)
            {
                head = p1;
                p2 = p1;
            }
            else
            {
                p2 -> next = p1;
                p2 = p1;
            }
        }
        p2 -> next = 0;
        // 输出链表数据
        node * p;
        p = head;
        printf("链表上各结点的数据为: \n");
        while(p!= 0)
        {
            printf(" % d ",p -> data);
            p = p -> next;
        }
        printf("\n");
        return 0;
    }
```

7.2.5　删除结点

第五步尝试删除链表中数据为 2 的结点，在实现过程中发现需要先找到对应的结点，另外发现需要增加变量记录待删除结点的前一个结点，这样才能进行删除结点后链表的重新连接。

```
# include < stdio. h >
# include < stdlib. h >
struct node
{
    int data;
    node * next;
};
int main()
{
    node * head, * p1, * p2, * p;
    int i;
    head = 0;
    // 初始化链表
    for (i = 1;i < = 5;i++)
    {
        p1 = (node * )malloc(sizeof(node));
        ( * p1).data = i;
```

```
            if(head == 0)
            {
                head = p1;
                p2 = p1;
            }
            else
            {
                p2 -> next = p1;
                p2 = p1;
            }
        }
        p2 -> next = 0;

        // 删除数据为 2 的链表结点
        p1 = head;
        while (p1 -> data!= 2)
        {
            p2 = p1;
            p1 = p1 -> next;
        }
        p2 -> next = p1 -> next;
        delete p1;

        // 输出链表数据
        p = head;
        printf("链表上各结点的数据为：\n");
        while(p!= 0)
        {
            printf(" % d ",p -> data);
            p = p -> next;
        }
        printf("\n");

        return 0;
    }
```

实现这一步骤,大家已经可以体会到链表相对于数组的优点了。在这个例子中仅考虑了被删除结点在链表中间的情况,还有被删除结点是第一个结点、最后一个结点等情况需要考虑。

7.2.6　小结

思考题:

1. 利用以上思路继续实现插入结点、新增结点、链表排序等功能,链表基本操作代码参看"\随书资源\第 7 章\ 7.2 链表基本操作代码.cpp"。

2. 应用链表实现祖玛游戏原型。

游戏开发实践案例

本章给出了笔者教授 2016 级大一新生的 C 语言课程后同学们实现的部分游戏开发案例,每个案例均简述了主体功能、主要实现步骤,并在随书资源中提供了分步骤代码、视频介绍等资料。读者可以先独立思考、上手尝试,遇到问题再参考对应步骤的代码。更多游戏案例效果参看"\随书资源\第 8 章\ 2016 级计科新生 C 语言游戏制作视频.flv"。

8.1 挖 地 小 子

挖地小子的女友被魔王抓住了,他要去地底救出女友。为了完成目标,他必须不停地开采矿物,把销售矿物所得的钱用来升级道具,打败 3 只恶霸。游戏效果如图 8-1 所示,分步骤实现代码、视频介绍资料参看"\随书资源\第 8 章\挖地小子\"。

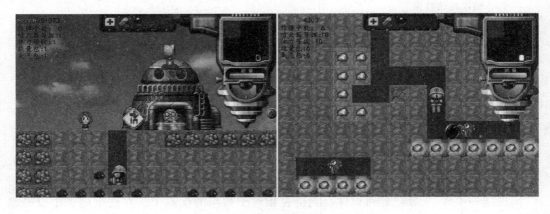

图 8-1 挖地小子游戏效果

8.1.1 主体功能描述

```
// 程序主框架
void main()
{
    startup();                          // 数据的初始化
    mapstartup();                       // 地图的初始化
    while (1)
    {
        show();                         // 画面显示
```

```
        associated();                    // 串联人物结构体中的变量
        updatewithoutinput();            // 与用户输入无关的更新
        status_change();                 // 各个阶段的状态变化
        updatewithinput();               // 与用户输入相关的更新
    }
    gameover();                          // 程序结束前的处理
}
```

实现的功能主要如下：

1. 控制键位。

- 'w'向上飞行；
- 's'若人物下方有砖块向下挖地；
- 'a'若左方无砖块向左移动,若有则向左挖；
- 'd'若右端无砖块向右移动,若有则向右挖；
- 'j'放置炸弹；
- 'k'使用能量包增加能量；
- 'l'使用氧气包增加氧气。

2. 进入商店。

- 按'1'购买炸弹；
- 按'2'升级能量等级；
- 按'3'升级氧气等级；
- 按'4'购买氧气包；
- 按'5'购买能量包。

3. 游戏说明。

- 初始经济 score ＝500；
- score 会自动增加；
- 利用 score 可以升级和购买装备；
- 向上飞行需要消耗能量；
- 在地下需要消耗氧气；
- 人在地下跑动会加速氧气消耗；
- 人在地上跑动会加速能量和氧气的恢复；
- 在第二关时人物的各种动作会变慢；
- 人碰到怪兽会使氧气下降；
- 炸弹会炸死怪物也会炸伤人物。

4. 隐藏福利。

煤块有着复生能力,只要不破坏它的本源。

5. 游戏目标。

不停地开采矿物,把销售矿物所得的钱用来升级道具,打败 3 只恶霸。

8.1.2　主要实现步骤

1. 操作部分,实现挖地小子走路、挖土。

该步骤的重点是画面的转换,能够实现不同状态人物的动作变化,还有就是如何建立人物与砖块的关系。定义两个结构体,用判别式建立两者中心坐标的关系,从而实现站立向左、站立向右、向下挖土。其难点是人物的操作部分,例如向上飞、向下落、向左走、向左挖、向右走、向右挖、在空中不能行走等,将它们串联起来并且有条理有一定的难度。

2. 实现两关的转换。

该步的重点是实现从第一关跳转至第二关。第一关有第二关的图片会叠加在一起,当第二关砖块加入后,各变量之间的关联变得不好控制,图层的放置也容易出现问题。

3. 加入怪物,增强趣味性。

重点是实现怪物自己行走,具体实现与人行走类似。

4. 增加氧气与氧气等级、能量与能量等级、商店、炸弹等模块。

重点是实现控制氧气和能量的变化,难点是炸弹爆炸的实现。

5. 加入人物死亡判定、修复 bug、优化代码。

8.2 台 球

本节选择了花式九球并简化规则,侧重台球碰撞、进洞的实现与模拟,加入了双人游戏机制,如图 8-2 所示。其分步骤实现代码、视频介绍资料参看"\随书资源\第 8 章\台球\"。

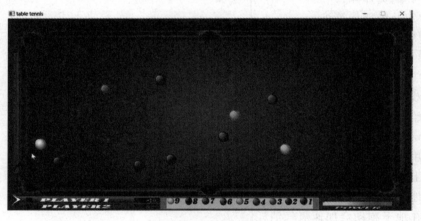

图 8-2 台球游戏效果

8.2.1 主体功能描述

程序运行首先显示开始页面,单击 Message 显示游戏说明,单击 Play 进入游戏。杆随着鼠标围着母球旋转,单击鼠标杆停止不动确定出杆方向,此时力度条开始滑动,单击空格母球发出、杆消失。待所有球停下杆重新出现,由之前的黄色变成蓝色,即由玩家一转换到玩家二。相应玩家打球进洞会有得分,如果母球进洞减 10 分。按 Esc 键进入暂停界面,按 1 继续之前的游戏,按 2 显示结束页面。如果所有球都进洞则显示结束页面。

- startup()函数将全局变量进行初始化,该函数只运行一次。
- show()函数负责显示,clean()函数负责将前一帧画面擦掉,两者交替进行可实现物体移动的效果。

- updatewithinput()接受用户输入,例如单击鼠标、按空格键。
- 在 updatewithoutinput()函数中无须输入各个变量自行更新,如小球无须控制就会滑行。
- boom()函数在 updatewithoutinput()中调用,实现了球之间的碰撞。为了简化处理,在每一时刻只处理距离最近的一对球的碰撞,循环运行会产生多球同时碰撞的效果。
- startMenu()、pauseMenu()和 gameOver()函数显示不同的画面,gameStatus 变量的值确定程序显示哪个界面。

球的碰撞是实现难点。球与壁之间是镜面反射,球与球之间存在对心碰撞与非对心碰撞两种情况。碰撞后速度的变化需要尽可能真实,否则将影响可玩性。在具体实现时每次找到距离最小的一对小球进行碰撞,多次循环以模拟多对球同时发生碰撞的效果。对于非对心碰撞引入向量的概念,速度在垂直于球心连线的方向不变,而在球心连线方向重新分配。

引入一个变量,初始值为 0,每一杆进洞该变量加 1。根据其是奇数还是偶数,设为不同的玩家操作。

8.2.2　主要实现步骤

1. 搭建基本框架;
2. 实现杆绕球旋转、杆的方向控制球的方向;
3. 实现多球碰撞、球壁碰撞;
4. 加入阻尼力模拟物理世界;
5. 初始化球的位置;
6. 导入图片;
7. 加入力度条;
8. 加入规则与得分机制;
9. 加入图片、制定游戏结束机制。

8.3　太鼓达人

太鼓达人是一款音乐游戏,玩家按照音乐节拍击打键盘,击打节奏的精准度和连击数越高,得分越高,如图 8-3 所示。其分步骤实现代码、视频介绍资料参看"\随书资源\第 8 章\太鼓达人\"。

8.3.1　主体功能描述

```
void menu1()                              // 界面一
void menu2()                              // 界面二
void setlight()                           // 亮度调整
void Update_Mover(int M, int n, int high) // 内圈特效
void Update_LINE(int l, int r, int vl, int vr)// 外圈特效
void write()                              //文件的写入
```

图 8-3 太鼓达人游戏效果

```
void read()                          // 文件的读取
void painting()                      // 绘图
void judge()                         // 判定
void startup()                       // 主界面的初始化
void show()                          // 显示画面
void clean()                         // 清屏
void UpdateWithoutInput()            // 与输入无关的更新
void UpdateWithInput()               // 与输入相关的更新
void main()                          // 主函数
```

8.3.2 主要实现步骤

1. 开始界面测试；
2. 开始界面；
3. 游戏界面；
4. 爆炸粒子特效；
5. 鼓面外圈特效；
6. 节奏文件的写入与读取。

8.4 扫　　雷

该游戏模拟传统扫雷游戏进行了实现，如图 8-4 所示。其分步骤实现代码、视频介绍资料参看"\随书资源\第 8 章\扫雷\"。

8.4.1 主体功能描述

1. 全局变量：时间、地图、图片资源、状态；
2. 绘图初始化函数 drawinit：载入图片资源；
3. 设置函数 Setup：放置地雷；
4. 显示函数 Show：依照层次结构显示雷区；
5. 队列处理函数 duires：对无雷的输入进行扩展搜索、调用位置搜索函数辅助、调用响

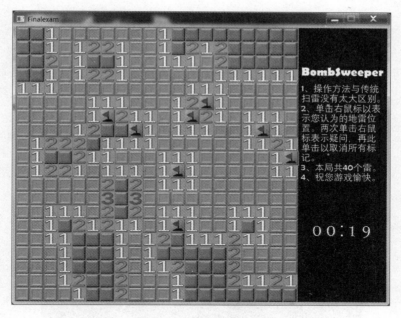

图 8-4 扫雷游戏效果

应函数输出；

6. 位置搜索函数 poi_sum：队列处理函数的辅助函数，将输入点的坐标周围 8 个格子的雷数返回给 duires；

7. 响应函数 do_null、not_null：随时处理队列处理函数的结果；

8. 主控函数 Control：接受鼠标的输入，处理简单的逻辑，复杂的交由队列处理函数执行；

9. 计时器函数 Time：计算累计时间并显示；

10. 胜利判定 Judge：判断用户是否胜利；

11. 主函数 main。

8.4.2 主要实现步骤

1. 明确游戏流程；

2. 搭建游戏框架；

3. 图片的显示；

4. 核心算法尝试使用链表和结构体数组；

5. 程序调度；

6. 计时器；

7. 加亮显示，提醒用户鼠标指向的位置；

8. 开局提示及重新开始；

9. 代码的优化。

8.5 蓝色药水

在蓝色药水游戏中玩家需要通过地图,穿屏、躲避子弹到达左上角硬币处取得胜利,如图 8-5 所示。其分步骤实现代码、视频介绍资料参看"\随书资源\第 8 章\蓝色药水\"。

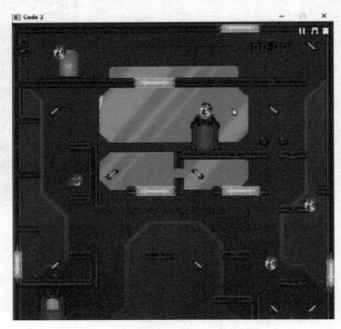

图 8-5 蓝色药水游戏效果

8.5.1 主体功能描述

程序首先显示菜单界面,按 1 开始新游戏,如果有存档可以按 2 读档,按 3 退出游戏。玩家通过 w、a、d 键控制蓝色药水移动跳跃,按空格键游戏暂停,暂停时按 1 继续游戏,按 2 存档,按 3 退出。

```
// 主要函数
void readRecordFile()                      // 读取游戏数据文件存档
void writeRecordFile()                     // 存储游戏数据文件存档
void startMenu()                           // 初始菜单界面
void pauseMenu()                           // 游戏暂停后的菜单界面,按 Esc 键启动该界面
void begining()                            // 游戏初始化模块
int map_y_down(float x1,float y1)          // 定义地图函数,判断人物是否踩到地面
int map_y_up(float x2,float y2)            // 定义地图函数,判断人物的头顶是否有墙
int map_x_left(float x3,float y3)          // 定义地图函数,判断人物的左边是否有墙
int map_x_right(float x4,float y4)         // 定义地图函数,判断人物的右边是否有墙
void show()                                // 游戏显示模块
void without_input()                       // 与用户输入无关的更新
void user_input()                          // 与用户输入有关的更新
void main()                                // 主函数
```

8.5.2　主要实现步骤

1. 游戏基本框架的搭建；
2. 人物行走；
3. 地图；
4. 子弹；
5. 游戏界面。

8.6　Rings

　　该游戏可摆放不同大小、颜色的圆环，3 个一行、一列或对角线的颜色相同的圆环都可以消除。不同大小的圆环可以堆叠在一起，同一种颜色的大、中、小圆环放在一起也会消除。该游戏效果如图 8-6 所示，分步骤实现代码、视频介绍资料参看"\随书资源\第 8 章\Rings\"。

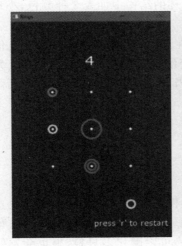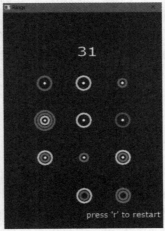

图 8-6　Rings 游戏效果

8.6.1　主体功能描述

```
struct Circle                              // 圆环的结构体
struct point                               //点的结构体
void back1()                               // 圆环 1 回到初始位置
void stay1()                               // 圆环 1 在鼠标弹起位置定位到临近点
void out(int n)                            // 圆环跳出
void CleanDouble_type_one(int clean_color)  // 消除第一行和第一列
void judgeclean_type_one(int judge_color)   // 判断第一行第一列圆环的颜色是否相同
void CleanHeng_1(int clean_color)          // 消除第一行
void JudgeHeng_1(int judge_color)          // 判断第一行的 3 点是否有颜色相同的环
void CleanShu_1(int clean_color)           // 消除第一列
void JudgeShu_1(int judge_color)           // 判断第一列的 3 点是否有颜色相同的环
void withoutinput()                        // 与用户输入无关的更新
```

```
void withinput()                    // 与用户输入有关的更新
void show()                         // 显示
```

8.6.2 主要实现步骤

1. 画出 9 个点，统计判断各个点的坐标和圆环之间的大小。

2. 让圆环跟着鼠标移动。定义中间变量，将鼠标单击的信息传递给中间变量，再传递给圆环。

3. 将已实现的功能改用结构体实现、简化代码。

4. 3 个圆环能够拖动到点的位置并定位。当有鼠标弹起的消息时，如果鼠标的坐标在某一点的附近，则自动吸附定位；如果鼠标弹起时圆环不在游戏界面内，则返回原处。

5. 实现随机生成圆环。在圆环的结构中加入存在状态 exist 及类型 type（从小到大分别代表小环、中环、大环），判断圆环是否存在，如果存在类型取随机数进行绘制。

6. 随机产生 3 个圆环。在点的结构中加入获取圆环信息 getcircle，并将点上的所有环初始化，判断圆环是否重合，如果重合就返回，如果不重合就把圆环的信息传递给点上的环。

7. 随机产生 3 个不同颜色的圆环。在圆环的结构中加入 3 种颜色，小环、中环、大环的颜色用随机数表示，最后绘制圆环。

8. 消除圆环。将颜色类型重新定义，并在点的结构体中加入获取颜色信息 getcolor，判断同一点圆圈存在类型及颜色，如果相同使变量的值恢复为 0，圆圈消失。判断同一行（列）是否存在颜色相同的环，如果存在，num+1，当 num=3 时执行消除。判断一行一列颜色相同时消除，原理与消除一行相似。

9. 添加音乐、封面、重新开始游戏功能。

8.7 猪 小 弟

猪小弟游戏讲述了一只狼劫走了一只粉色小猪，猪妈妈去救粉色小猪的故事，如图 8-7 所示。玩家通过 ws 键控制猪妈妈的上下移动，按 j 键发射箭，箭只有射中狼头顶的气球才会使狼掉到地面死亡。随机出现的骨棒可以砸死多只狼，狼也会发射子弹攻击猪妈妈，只有杀死一定数量的狼才可以过关。其分步骤实现代码、视频介绍资料参看"\随书资源\第 8 章\猪小弟\"。猪小弟程序分为开场动画、第一关、第二关共 3 个部分，下面以第一关的开发为例进行介绍。

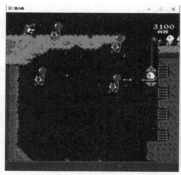

图 8-7　猪小弟游戏效果

8.7.1 主体功能描述

```
struct level1_pooyan                          //射手——猪妈妈
```

w 向上移动、s 向下移动、j 发射骨箭或子弹

```
struct level1_arrow                           //普通箭
```

1. 一次只能射两支箭
2. 一支箭在扎破气球后刷新 cd
3. 箭射中狼、箭无效则下坠
4. 下坠的箭可以继续射中下面的气球

```
struct level1_bone                            // 骨棒
```

1. 一段固定时间后在固定位置生成
2. 通过拾取获得，拾取后切换武器
3. 可以消灭击中的所有狼，击中气球无效
4. 被击中的狼下坠，气球继续上升
5. 上升的气球可以继续被击破

```
struct level1_rope                            // 绳子
struct level1_wolf                            // 敌人——狼
```

1. 随机狼的下落位置
2. 三种状态：存活、被击中的挣扎动画、快速下坠
3. 漏掉足够多的狼，游戏失败

```
struct level1_ball                            // 狼的气球
```

3 种状态：随狼下落、狼被骨棒击中后上升、被击中后破碎

```
struct level1_bullet                          // 狼的子弹
```

1. 随机发射子弹的狼
2. 随机狼发射子弹的位置
3. 子弹射中猪妈妈后游戏失败
4. 猪妈妈可以用吊篮的顶部和底部挡掉子弹

```
void startup_1()                              // 初始化
void show_1()                                 // 画面显示
void update_without_input_1()                 // 与输入无关的更新
void update_with_input_1()                    // 与输入有关的更新
void gameover()                               // 游戏结束前的后处理
void main()                                   // 主函数
```

8.7.2 主要实现步骤

1. 运用做黑框游戏 canvas 写法制作开场动画；

2. 换写法,实现猪妈妈的上下移动;

3. 实现一次只能射两支箭;

4. 实现狼的随机下落和结构体写法;

5. 实现箭射中气球、狼快速下坠;

6. 实现狼发射子弹、猪妈妈中弹死亡;

7. 实现一些细节动画:狼出场向右奔跑、狼落地后继续向右奔跑、狼被击中后挣扎、狼下坠时头向下挣扎、气球的破碎效果;

8. 实现骨棒的模块;

9. 添加分数判断,添加背景音乐、发箭的音效、发射骨棒时的音效;

10. 第一关基本完成,整理代码。

8.8 俄罗斯方块

俄罗斯方块是一款经典游戏,按左右下键进行方块的移动、按上键变形、按空格暂停、按 Esc 键游戏结束;当方块的累计高度超过游戏空间高度时游戏结束。该游戏的效果如图 8-8 所示,分步骤实现代码、视频介绍资料参看"\随书资源\第 8 章\俄罗斯方块\"。

图 8-8　俄罗斯方块游戏效果

8.8.1　主体功能描述

```c
// 主函数
int main()
{
    startup();                    // 初始化
    beforegame();                 // 游戏开始前的画面
    CreateRandonSqare();          // 产生随机方块
    CopySqareToBack();            // 将方块贴入背景
    while(1)
```

```
    {
        double start = (double)clock()/CLOCKS_PER_SEC;                          // 定时函数
        show();                                    // 显示函数
        UpdateWithInput();                         // 与用户有关的输入
        UpdateWithoutInput();                      // 与用户无关的输入
        if(Score < 10)
        {
            if((double)clock()/CLOCKS_PER_SEC - start < 1.0/3)
                Sleep((int)((1.0/3 - (double)clock()/CLOCKS_PER_SEC + start) * 1000));
        }
        else if(Score >= 10)
        {
            if((double)clock()/CLOCKS_PER_SEC - start < 1.0/5)
                Sleep((int)((1.0/5 - (double)clock()/CLOCKS_PER_SEC + start) * 1000));
        }
    }
    getch();
    closegraph();
    return 0;
}
// 函数的声明
void gotoxy(int x, int y);                         // 清屏
void startup();                                    // 初始化
void show();                                       // 显示函数,清全屏
void UpdateWithoutInput();                         // 与用户无关的输入
void UpdateWithInput();                            // 与用户有关的输入
void CreateRandonSqare();          // 随机显示图形
void CopySqareToBack();            // 把图形写入背景数组
void SqareDown();                  // 下降
void SqareLeft();                  // 左移
void SqareRight();                 // 右移
void OnChangeSqare();              // 变形
void ChangeSqare();                // 除长条和正方形外的变形
void ChangeLineSqare();            // 长条变形
int CanSqareChangeShape();         // 解决变形 bug
int CanLineSqareChange();          // 解决长条变形 bug
int gameover();                    // 判断游戏是否失败
int CanSqareDown();                // 若返回继续下降,返回则代表到底,不下降
int CanSqareDown2();               // 若返回继续下降,返回则代表到底,不下降,与方块相遇
int CanSqareLeft();                // 若返回继续左移,返回则代表到最左边,不再左移
int CanSqareLeft2();               // 若返回继续左移,返回则代表到最左边,不再左移,与方块相遇
int CanSqareRight();               // 若返回继续右移,返回则代表到最右边,不再右移
int CanSqareRight2();              // 若返回继续右移,返回则代表到最右边,不再右移,与方块相遇
void PaintSqare();                 // 画方块
void Change1TO2();                 // 到底之后数组由 1 变 2
void ShowSqare2();                 // 2 的时候也画方块到背景
void DestroyOneLineSqare();        // 消行
```

8.8.2　主要实现步骤

1. 建立游戏框架;
2. 初始化背景并利用数组对背景进行分割;
3. 绘画俄罗斯方块图形并用数组存放;

4. 实现方块的上色；

5. 随机产生方块；

6. 利用循环实现方块的下落；

7. 实现方块到底停住；

8. 方块落在方块上；

9. 将停住的方块显示在背景里；

10. 实现方块的移动；

11. 方块的变形；

12. 消除行；

13. 游戏结束；

14. 显示分数、操作说明及其他的游戏文字；

15. 加入背景图片及音乐特效；

16. 游戏初始画面。

8.9 通天魔塔

在通天魔塔游戏中玩家只有选择最优化的路线步步为营才能取得胜利。本游戏尝试以季节的概念展开，每一层都有不同的特性，通过按键、鼠标交互实现了行走、战斗、物品拾取、NPC对话、商店购买等多种功能，如图8-9所示。其分步骤实现代码、视频介绍资料参看"\随书资源\第8章\通天魔塔\"。

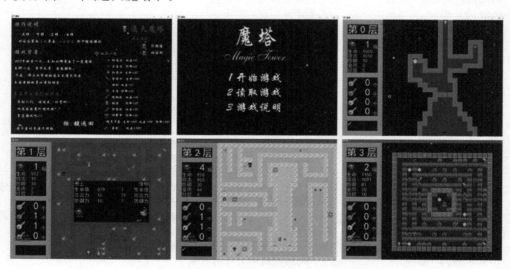

图 8-9 通天魔塔游戏效果

8.9.1 主体功能描述

1. 地图的显示。

将游戏地图块状化，定义数组并给不同种类的地块在数组中分配不同的数值。先用 PS

制作整体地图背景,在游戏中显示单张背景图,再给其具体定义赋值,然后放上人物、道具、怪物、NPC 等。

2. 人物的移动和移动规则。

由于地图块状化,将每次移动定为移动一格,根据移动图片将一次移动分为 4 步,每步偏移 1/4 格来显示,由此形成人物移动动画。藉由分配给数组的不同数值来判断下一格能否移动,若无法移动则显示转向动画(即碰壁、遇 NPC 停止等功能)。

3. 人物面板的显示。

先用 PS 做好背景图片,再显示需要变化的数值内容,主要包括当前层数、玩家的属性和拥有的特殊道具。

4. 战斗系统。

当人物移动到怪物所在格时即进入战斗环节,由于是在移动之后进行战斗判断,不会出现直接越过怪物的情况。战斗画面显示玩家与怪物的属性数值,并在战斗中实现了撤退功能。每次战斗为双方同时攻击,不会出现玩家攻击力能够秒杀怪物时发生战斗不扣血的情况。

5. 道具系统。

当人物移动到道具所在格时拾取道具,给出获得对应道具的提示,之后结算道具奖励,在人物面板属性处可以显示。

6. 楼层转换、传送阵。

玩家移动到传送水晶时会发生楼层转换,每次楼层转化都对地图块状数组重定义来显示。在后两层加入了类似的传送阵以移动玩家在同一层中的位置。

7. 对话系统以及商店系统。

与 NPC 接触时进入对话系统,不同的 NPC 有不同的对话变量值与对话内容。通过鼠标交互,单击选择继续或结束对话。其中一个 NPC 改造成商店,玩家可与之对话购买道具。

8. 特殊道具、楼层特性。

人物面板处显示拥有的特殊道具,鼠标移动到特殊道具图标时显示效果介绍。制定各个楼层的特性,如春之层的"生长"、冬之层的"衰减",利用计算时间、计算移动步数等实现对怪物、玩家的增强或削弱。

9. 游戏初始界面、暂停界面的存档与读档。

游戏初始界面利用键盘输入数字控制进入游戏、读取游戏、查看游戏或帮助;在游戏中通过 Esc 键切换至暂停界面,输入数字实现继续游戏、保存游戏或退出游戏;利用文件实现游戏的存档与读档。

8.9.2　主要实现步骤

1. 基本框架与块状化画布。

游戏框架的存在让代码风格变得更规整,为搭建长代码工程打下了基础。块状化画布的优势在于所选取的素材大小都是 32×32 的,于是把 1024×768 的画布分割为 32×24 块,便于图片的放置、定位与触发。

2. 人物行走与碰壁规则。

人物行走采用了切割法思路,向一边的行走包含 3 张图片,将这 3 张图片切开,设定一定的步长；进一步使用图片刷屏、绝对延时、图片拼合，完成人物行走。

3. 图片的放置与画面显示。

对每张图片设定不同的值，在不同层用不同的块状坐标定位物体，之后将配套图片放置在画布的对应位置。先显示，再叠加上怪物、物品、NPC、传送阵，最后放上人物，这样绘制模块结构清晰、不会混乱。

4. 人物面板与结构体的优化。

人物面板中随时变动的数字可利用数字转化为字符串实现。将人物的各项属性写进结构体，使得逻辑结构更简洁，对之后的怪物属性也进行了同样的结构体优化处理。

5. 战斗、结算与逃跑。

加入判断，若走到怪物所在格进入战斗系统，通过 while 函数相互减对方生命值；击败后获得对应经验值和金币，怪物消失；绘制战斗界面，启用一个新的结构体显示人物与怪物的属性和对战图片信息；实现撤退功能，避免玩家在不了解怪物属性的状态下发生战斗，过早结束游戏的情况。

6. 楼层转换与传送阵。

楼层转换目标是不同层，传送阵则是同层的不同位置，人物走到对应位置后设置触发转移人物坐标后重新刷屏显示。注意传送后变更传送阵的值，避免一直反复传送的 bug。

7. 物品道具系统与拾取提示。

加入物品道具系统，对不同物品定下不同值来表示，在不同层用不同的块状坐标定位物体，当人物行走到物品上时触发，进行属性和地图变更；做出拾取提示，拾取物品时跳出对话框提示拾取信息。

8. NPC 对话与鼠标交互。

提示类 NPC 会在人物与之对话时弹出对话框告知此层的特性，用鼠标单击继续后对话框消失。功能型 NPC 实现了商店系统，可以通过打怪所得的金币兑换属性。

9. 楼层特性。

春之层的生长特性通过结算时间来计算怪物的属性成长。在人物进入时开始计时，算作 oldtime，同时走动时不断读取系统时间，记为 newtime，相减得在该层时长，然后通过一定的算法反馈给怪物属性。

冬之层的衰败属性主要通过结算移动步数来削减人物属性，设定一个记录走动步数的变量，从到达冬之层开始结算，再依据一定的算法反馈给人物属性。

最终层大魔王属性太强，无法抗衡，但通过杀死他的 4 个守卫可以削弱它的属性。

10. 额外剧情。

圣剑剧情：人物初始持有一把增加 1000 点攻击的圣剑，在人物面板区显示，如果将鼠标移到圣剑图片上会给出它的属性提示。这是一把测试专用道具，测试员按 n 键拾起圣剑，在之后的楼层按 x 键可以实现一键清怪效果。

精灵的遗失之力剧情：通过集齐 4 色钥匙向精灵兑换精灵吊坠，极大地增加属性以完成游戏。

11. 开始界面、暂停界面与读存档。

开始界面、说明界面、暂停界面的加入使得游戏更完善，在键盘控制部分加入用于判断触发的变量，读档与存档则使用 C 语言中的文件知识实现。

8.10　1010

1010 是一款益智游戏,将模块拖放到屏幕中,在垂直和水平方向创建并消除整行铺满的模块,阻止模块填满整个屏幕,如图 8-10 所示。其分步骤实现代码、视频介绍资料参看"\随书资源\第 8 章\1010\"。

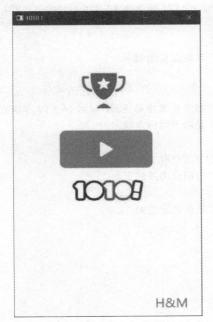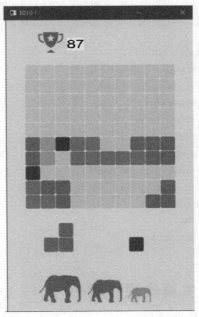

图 8-10　1010 游戏效果

8.10.1　主体功能描述

```
// 全局变量
int diamonds[width][high] = { 0 };        // 定义在整个画布的二维数组
int step_r, step, step1;                   // 方块边长的一半及边长
int i, j;                                  // 循环变量
int t;                                     // 消除判断变量
int rt;                                    // 回到中心位置的判断变量
int isselect1, isselect2;                  // 选择判断变量
int kinds;                                 // 方块的种类
int score;                                 // 得分
char scoreString[10];                      // 分数的显示
TCHAR scoreText[10];                       // 用 VS 打开时取消这个注释
MOUSEMSG msg;                              // 鼠标消息
IMAGE img_bk;                              // 定义游戏背景
IMAGE img_bg;                              // 定义初始界面背景
// 主函数
```

```
void main()
{
    startup();                      // 初始化游戏,对定义的变量进行赋值
    press();                        // 游戏开始界面的显示
    while (1)
    {
        msg = GetMouseMsg();        // 获取鼠标信息
        if (msg.mkLButton&&msg.y < 317 && msg.y > 233 && msg.x < 296 && msg.x > 99)
            break;
    }
    BeginBatchDraw();               // 开始批量绘制
    while (1)
    {
        showbk();                   // 游戏界面背景显示;显示 10×10 方块底布
        showdiamond();              // 显示不同种方块
        FlushBatchDraw();
        updateWithInput();          // 与用户有关的更新
        updateWithoutInput();       // 与用户无关的更新
    }
    EndBatchDraw();                 // 结束批量绘制
    _getch();
    closegraph();
}
```

8.10.2 主要实现步骤

1. 搭建游戏框架,设置初始界面、初始化 10×10 灰色方块背景、随机出现一种方块;

2. 对每种方块进行绘制;

3. 判断方块是否被单击、单击后如何移动,判断方块是否被吸附、吸附后随机出现新的方块;

4. 对新随机的方块进行数组赋值,运用 judge() 函数判断新的随机方块类型,并使方块中心数组对应;

5. 对方块进行消除,并实现横竖向同时有方块被消除时同时消除,由判断颜色改为判断数组值可实现横竖向同时消除;

6. 实现两个方块放上去后随机生成两个新的方块;

7. 改变图形绘制方式,之前是单独显示背景,改为每个灰色方块对应为数组元素 1。新增显示分数、改善 press 函数、改善主框架、改变绘图方式、增加单击开始游戏;

8. 整理代码、完善注释。

8.11 炸 弹 人

按 A、S、D、W 键控制人物移动,按空格键放炸弹,炸死所有敌人后游戏过关,如图 8-11 所示。其分步骤实现代码、视频介绍资料参看"\随书资源\第 8 章\炸弹人\"。

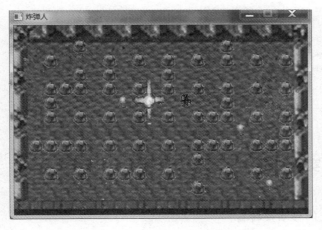

图 8-11　炸弹人游戏效果

8.11.1　主体功能描述

```
// 主要函数
loadpicture();                          // 加载图片
startup();                              // 数据的初始化
datemap();              // 地图的初始化,将地图上有障碍物的地方赋值,与能通过的部分区分开来
playmusic();                            // 播放音乐
show();                                 // 显示画面
updateWithInput();           // 与用户输入有关的更新,包括炸弹状态的更新、怪物移动的更新
updateWithoutInput();        // 与用户输入无关的更新,包括控制人物的移动以及炸弹的放置
gameover();                             // 游戏结束,进行后续处理
// 主函数
void main()
{
    int start = 0;
    loadpicture();                      // 加载图片
    startup();                          // 数据的初始化
    datemap();                          // 地图的初始化
    playmusic();                        // 播放音乐
    while (1)                           // 游戏循环执行
    {
        if (over == 0)                  // 炸弹人死亡,游戏失败
        {
            putimage(0, 0, &img_fail);
            FlushBatchDraw();
            Sleep(3000);
            exit(0);
        }
        if (armenum == 0)               // 敌人全灭,胜利
        {
            putimage(0, 0, &img_win);
            FlushBatchDraw();
            Sleep(3000);
            exit(0);
        }
```

```
        if (over == 1 && armenum > 0)
        {
            show();                  // 显示画面
            updateWithInput();       // 与用户输入有关的更新
            updateWithoutInput();    // 与用户输入无关的更新
        }
    }
    gameover();                      // 游戏结束,进行后续处理
}
```

8.11.2　主要实现步骤

1. 实现炸弹人的显示;
2. 实现炸弹人的移动及转身;
3. 对地图进行初始化;
4. 人物与障碍物的碰撞;
5. 加入炸弹、炸弹计时爆炸、爆炸效果;
6. 加入怪物并使怪物移动;
7. 完成对炸弹伤害的判断及结束游戏;
8. 将所有部分组合在一起实现炸弹人游戏。

8.12　口 袋 妖 怪

本节实现了经典游戏"口袋妖怪"的简化版,包括简单的剧情和对战系统,可以存档、自由刷怪升级,如图 8-12 所示。其分步骤实现代码、视频介绍资料参看"\随书资源\第 8 章\口袋妖怪\"。

图 8-12　口袋妖怪游戏效果

8.12.1　主体功能描述

```
// 定义精灵数据的结构体
struct pokemon
// 剧情函数
void plot_1();
void plot_2();
void plot_3();
void plot_4();
void plot_5();
void plot_6();
void plot_7();
void plot_8();
void plot_9();
void plot_10();
void plot_11();
void plot_12();
void plot_13();
void plot_14();
void plot_15();
// 界面函数,文档保存读取函数
void start_menu();
void pause_menu();
void readfile();
void writefile();
void aid_menu();
// 数据更新函数、战斗函数、动画函数
void startup_pokemon_judge();                                   // 精灵时间的初始化
void startup_pokemon();                                         // 精灵基础属性的初始化
void startup_pokemon_bleed();                                   // 精灵血量的初始化
void startup_pokemon_desination();                              // 精灵位置的初始化
void startup_map_show();                                        // 地图的初始化
void startup_music();                                           // 音乐的播放与关闭
void closedown_music();
void pokemon_refresh();                                         // 精灵刷新
void map_show();                                                // 地图显示函数
void operate();                                                 // 交互操作函数
void load_PK_picture(pokemon * PK);                             // 导入敌方精灵图片
void load_PK_skill(pokemon * PK, int PK_bleed, int full_bleed);             // 敌方技能
void interface_change_animation();                              // 界面切换动画
void enemy_fight_show(pokemon * PK_enemy);         // 敌方精灵图片的加载以及技能显示
void fight_show(pokemon * PK_enemy,pokemon * PK_own);              // 战斗显示函数
void fight();                                                   // 战斗函数
```

8.12.2　主要实现步骤

1. 实现人物在地图上自由移动;
2. 加入战斗函数和界面切换函数;

3. 定义初始的精灵结构体和属性,在头文件里增加技能函数;

4. 给地图设置障碍判断以及精灵相遇判断;

5. 给精灵设定时间属性,在一定时间后才能再次相遇;

6. 完善战斗画面,能根据精灵编号显示出不同的图片和释放不同技能;

7. 整合全部函数,加入剧情,使函数良好衔接;

8. 加入存档和读档功能;

9. 加入操作界面和音乐函数。

8.13　大鱼吃小鱼

玩家通过键盘控制移动,躲避大鱼、吃掉小鱼,如图 8-13 所示。其分步骤实现代码、视频介绍资料参看"\随书资源\第 8 章\大鱼吃小鱼\"。

图 8-13　大鱼吃小鱼游戏效果

8.13.1　主体功能描述

该游戏含有两种模式:计时模式下玩家在规定时间内通过吃掉小鱼达到目标分即获胜,闹钟可以增加时间,炸弹可以减少时间;生命模式下在生命值消耗完之前达到目标分即获胜,闹钟可以增加生命,炸弹可以减少生命。

程序主体包括显示、判断、控制移动三大模块。其中显示部分包括玩家的显示、自由移动的鱼的显示、分数和时间的显示等;判断部分包括不同类型的鱼相撞判断、鱼游出游戏界面的判断、游戏结束的判断等;控制移动部分包括对玩家的移动控制、其他鱼的自由移动。

8.13.2　主要实现步骤

1. 显示玩家、玩家移动;

2. 两侧随机出现其他鱼;

3. 吃小鱼加分、玩家体积变大;

4. 与大鱼碰撞生命值减 1;

5. 吃到不同小鱼得分不同;

6. 实现随机出现闹钟(游戏过程中通过吃闹钟来增长游戏时间);

7. 随机出现炸弹(吃到炸弹则游戏时间减少);

8. 进入游戏的界面显示；

9. 游戏音效等的加入；

10. 完善游戏，改为时间模式和生命模式。

8.14　小　　结

看了这么多同学开发的游戏案例，大家开始动手吧，相信你一定可以做出更精彩的游戏！